工程力学实验

（第二版）

主　编　邓小青
副主编　沈超明　黄海燕

上海交通大学出版社

图书在版编目(CIP)数据

工程力学实验/邓小青主编. —2版. —上海：上海交通大学出版社，2009(2011重印)

ISBN 978-7-313-04226-2

Ⅰ. 工... Ⅱ. 邓... Ⅲ. 工程力学—实验—高等学校—教材 Ⅳ. TB12-33

中国版本图书馆CIP数据核字(2009)第088323号

工程力学实验

(第二版)

邓小青 **主编**

上海交通大学出版社出版发行

(上海市番禺路951号 邮政编码200030)

电话：64071208 出版人：韩建民

常熟市梅李印刷有限公司 印刷 全国新华书店经销

开本：787mm×1092mm 1/16 印张：7.75 字数：184千字

2006年1月第1版 2009年8月第2版 2011年3月第3次印刷

印数：2 030

ISBN 978-7-313-04226-2/TB 定价：19.80元

前　言

为了适应全国高等教育改革的发展趋势，从培养学生的创新精神出发，进行全面的素质教育，我们对基础力学实验课程进行重新整合，编写了本教材。

我们把实验分为三个部分，即基本实验，综合性、思考性实验和提高型实验。基本实验在本书第2章中进行了比较详细的介绍，是本书的重点，它包括破坏性实验和主要力学性能测定等，对实验的具体要求和操作规程都做了比较详细的叙述，以加强实验基础知识和技能的培养。综合性、思考性实验是第3章的主要内容，只提实验要求，有的实验给予适当提示，要求学生自己设计实验方案和操作步骤，给学生留出充分的思考空间。第4章主要介绍提高型实验，是基本实验的扩充，展示了材料的各向异性、应力应变的非线性问题，以及现代测试中常遇到的贴片技术、传感器标定、实验数据的采集和处理等知识，以开阔学生的眼界。

在重新出版本书时，随着各种实验教学仪器、设备的不断更新和完善，对本书的实验教学进行调整与修改，并对全书的内容和文字作了必要的增删和修改、修订。

限于编者水平，恐疏漏之处在所难免，恳请广大师生批评指正。

编　者

2009年5月

主要符号表

符号	量的名称	符号	量的名称
a	间距,加速度	A	面积,振幅
b	宽度	d	直径,距离,力偶臂
D	直径	E	弹性模量或杨氏模量,电动势
F	力,集中载荷	F_{cr}	临界载荷,分叉载荷
F_N	法向约束力	F_s	屈服载荷
F_u	极限载荷	g	重力加速度
G	切变模量	h	高度
I	惯性矩	I_P	极惯性矩
J	转动惯量	K	应变片灵敏系数
K_d	动荷因数	K_σ, K_τ	有效应力集中因数
K_{IC}	断裂韧度	m	质量,分布力偶集度
M	弯矩	M_e	外力偶矩
M_y, M_z	弯矩	M_O	对点 O 的矩
n	转速,自然数	p	功率,重量
P	压力	Q	重力
R, r	半径,电阻	s	路程
t	时间	T	扭矩,周期,动能
U	电压	v	速度
V	势能	W	功,弯曲截面系数,重量
W_P	扭转截面系数	x, y, z	坐标
θ	梁截面的转角,角位移	γ	切应变
ρ	曲率半径,回转半径,密度	Δ	增量,变形,位移
λ	柔度,长细比	ε_{ds}	读数应变,实测应变
l	长度,跨度	Ψ	断面收缩率
φ	扭转角,相对扭转角	μ	泊松比
ε	线应变	σ	主应力
δ	变形,位移,挠度,伸长率,厚度	σ_p	比例极限
σ_e	弹性应力	σ_s	屈服应力
$\sigma_{0.2}$	条件屈服强度	σ_b	强度极限
τ	切应力	ω	角速度,角频率,图乘面积

目　　录

第1章　绪　论

§1-1　概述

实验是进行科学研究的重要方法之一，许多新理论的提出均以实验数据为基础，并通过实验作进一步的证明。例如，工程力学中应力应变的线性关系就是胡克于1668年到1678年间做了一系列的弹簧实验之后建立起来的。工程力学的任务是在满足强度、刚度和稳定性的要求下，以最经济的代价为构件确定合理的形状和尺寸，选择适宜的材料为构件设计提供必要的理论基础和计算方法。不仅实验对工程力学有极其重要的一面，工程力学的经典理论建立在均匀性、连续性、各向同性等基本假设之上，将真实材料理想化、实际构件典型化、公式推导假设化基础之上的，它的结论是否正确以及能否在工程中应用，必须接受实验的检验。此外，在解决实际工程设计中的强度、刚度等问题时，首先要知道材料的力学性能和表达力学性能的材料常数。这些常数只有靠材料试验才能测定。有时实际工程中构件的几何形状和载荷都十分复杂，构件中的应力靠计算难以得到正确的数据，在这种情况下必须借助实验应力分析的手段才能解决。

§1-2　内容简介

一、工程力学实验内容

1. 验证理论性的实验

工程力学的一些公式都是在简化和假设（平面假设，材料均匀性、弹性和各向同性假设）的基础上推导出来的。事实上，材料的性质往往跟完全均匀、弹性的情况是有差异的。因此，必须通过对根据假设推导的公式加以验证，才能确定公式的正确性和适用范围。其实验就成为验证、修正和发展理论的必要手段。

2. 材料力学性能实验

材料力学性能是指在力或能的作用下，材料在变形、强度等方面表现出来的一些特性。如弹性极限、屈服极限、屈服点、强度极限、弹性模量、疲劳极限等。这些强度指示和参数都是构件强度、刚度和稳定性计算的依据，而它们一般是依据国家规范，按照标准化的程序进行实验来测定的，随着材料科学的发展，各种新型合金材料、合成材料不断涌现，力学性能的测定是研究每一种新型材料的重要任务。

3. 应力分析实验

工程上很多实际构件的形状和受载情况较为复杂。单纯依靠理论计算就不易获得构件内部的应力大小及分布情况。这时就可用不同实验方法进行测定。这种方法则为“实验应力分析”，具体有电测法、光测法、全息法、云纹法等。

二、工程力学实验分类

在近几年的实验教学中，基于对实验教学应适应培养高素质人才需要的认识，以"加强基础、注重能力、培养素质、突出创新"为指导思想，为满足21世纪人才培养的需求。根据不同的实验目的、要求；不同的试验测试手段、方法；以及不断涌现出的新思想、新方法、新材料，将工程力学实验归为基本实验，综合性、思考性实验和提高型实验。由浅入深，由易到难，更加有助于培养学生的动手能力和创造能力。

1. 基本实验

基本实验是工程力学及材料力学课程所要求和规定的最基本的实验内容，通过对传统的实验项目精选、提高、归并，突出实验的代表性，使实验能反映基本概念和规律。譬如材料的机械性能、梁的纯弯曲、压杆稳定等。通过这些实验让学生掌握金属材料的拉伸、压缩、扭转时的力学性能，掌握 σ_p、σ_r、σ_s、σ_b、$\sigma_{0.2}$、E、G、υ 等的测试方法（包括电测法和机测法）；掌握应变分析的原理及应变花的使用；掌握桥路的变化及串、并联原理；掌握灵活运用应力分析的能力。

2. 综合性、思考性实验

综合性、思考性实验是综合了基本实验的内容、方法、手段，给学生留有更多的自由空间和思维的空间，培养学生的工程素质，开发学生的智慧。在学生掌握了基本的操作技能，有了一定理论知识之后，让学生综合运用所掌握的一些理论基础知识，基本实验技能来独立完成实验。这部分实验主要包括具有工程背景的静不定梁、动载荷挠度、弯扭组合以及测定不规则物体的定轴转动惯量等实验。这类实验重在调动学生的积极性，发挥学生的主观能动性，初步培养学生综合运用知识和技能、发现问题、解决问题的能力及创新精神。

3. 提高型实验

提高型实验更加注重与工程实际、科学研究的紧密结合。实验涉及力学学科及其他相关交叉学科，引入了新的材料、新的结构形式和新的实验技术，这就要求学生有较宽的知识面和刻苦钻研的精神。例如胶接叠合梁（复合梁）实验，槽钢梁的实验研究等，这些实验旨在拓宽学生的视野，扩大学生的知识面，培养学生的科研兴趣及创新的思维方式，并使学生获得基本的科研能力。

§1-3 实验的标准、方法和要求

材料的强度指标如屈服极限、强度极限、持久极限等，虽是材料的固有属性，但往往与试样的形状、尺寸、表面加工精度、加载速度、周围环境（温度、介质）等有关。为使试验结果能相互比较，国家标准对试样的取材、形状、尺寸、加工精度、试验手段和方法以及数据处理等都作了统一规定。每个国家都有各自的标准，我国国家标准的代号是GB，美国标准的代号为ASTM，国际标准的代号为ISO。国际间需要做仲裁试验时，以国际标准为依据。

对破坏性试验，如材料强度指标的测定，考虑到材料质地的不均匀性，应采用多根试样，然后综合多根试样的结果，得出材料的性能指标。对非破坏性试验，如构件的变形测量，因为要借助变形放大仪表，为减小测量系统引入的误差，一般也要多次重复进行，然后综合多次测量的数据得到所需结果。

实验应力分析常用方法有电测法及光弹性法外，还有激光全息光弹性法、散斑干涉法、云纹法、声弹法等。采用何种方法取决于试验的目的和对试验精度的要求。一般来说，如仅需了解构件某一局部的应力分布，电测法比较合适；如需了解构件的整体应力分布，则以光弹性法为宜。有时也可把几种方法联合使用，例如先使用光弹性法判定构件危险截面的位置，再使用电测法测出危险截面的局部应力分布。关于实验应力分析，本书主要介绍电测法，并对光弹性法作简要介绍。至于其他方法，如有需要可参看实验应力分析方面的著作。

整理实验结果时，应剔除明显不合理的数据，并以表格或图线表明所得结果。若实验数据中的两个量之间存在线性关系，可用最小二乘方法拟合为直线，然后进行计算与分析（参看附录Ⅰ）。数据运算的有效数字位数要依据机器、仪表的测量精度来确定。有效数字后面的第一位数的进位规则如附录Ⅱ所示。最后，要求写出实验报告。作为示范，本书中提供部分试验记录和报告可供参考。其余实验的报告则要求读者独立完成。

§1-4　实验时的注意事项

在常温、静载荷条件下，工程力学实验所涉及的物理量并不多，主要是测量作用在试件上的载荷和试件的变形。载荷一般要求较大，由几吨到几十吨，故加力设备较大，而变形则很小，绝对变形可以小到千分之一毫米，相对变形（应变）可小到 $10^{-5}\sim10^{-6}$，因而测试设备必须精密。在进行实验时，往往要同时测量力与变形，非一人所能完成，一般需要组成团队（三、四人）进行实验测试。要求同学之间互相配合，要有责任心，否则不能较好地完成实验。

一、实验准备

(1) 明确实验目的、原理和步骤。选定试件对象，并拟出实验加载方式，设计实验数据记录表格，以备实验时记录数据之用。

(2) 以实验小组为单位。做实验时应分工明确，互相配合，要有默契式口令，以便互相呼应，彼此协调，不致于导致实验失败。参加实验人员一般可作如下分工：

① 记录者：在整个实验中，应充当总指挥作用，控制实验节奏，记录实验数据与资料整理，随时注意数据可靠性及实验是否完整。

② 测试、测量员：应深入了解试件尺寸和仪表的性能，熟悉仪表的操作规程，弄清仪表的单位和放大系数，以免读错。如发现仪表异常，应立即停机检查。

③ 设备操作者：熟悉设备操作规程，严格遵照规程操作。事先要试机，注意安全。发现异常时应立即停机检查。

二、进行实验

在正式开始实验之前，要检查试验机测力度盘指针或计算机显示力和位移是否对为零位；变形仪、试件装置是否正常。由指导教师检查后，方可动手进行实验。此时同学们要注意观察该试验过程中的一些现象，从中找出规律，作好记录。实验完毕后，关机、检查数据是否齐全，然后清理设备、仪器归位后再离开。

三、实验报告的书写

实验报告是实验者最后交出的试验成果，是实验资料的总结。其内容包括如下：

(1) 实验名称、实验日期、当时温度、实验者及组员姓名。

(2) 实验目的、原理及装置简图。

(3) 注明使用的机器、仪表、用具的名称、型号和精度(或放大系数)等。

(4) 实验数据处理。首先将实验所测得的数据填入预先设计的记录表格中,并注明测量单位和精度,以便计算。此外,在试验中有时为了准确获得某一物理量,往往需要采用逐渐加载法进行多次测量,以减小测量误差。对所测得的同一物理量的一组数据需进行数据处理和误差分析。常用测量数据的算术平均值作为该物理量的点估计值。

(5) 计算。在计算中须明确写出公式及其各符号的物理意义,并注意单位的统一和有效数字的运算的法则。

(6) 结果的表示:应根据多数点的所在位置,描绘出光滑的曲线或用最小二乘法进行计算,选出最佳拟合曲线。

(7) 讨论与结论。说明本实验的优缺点,数据处理结果是否正确,并对其误差加以分析。同时回答指导书中的思考题。

第2章　基本实验

根据每个基本实验目的、要求，主要介绍机测法、电测法、光测法三种测试方法。要求读者掌握基本原理、实验数据处理与分析及相关设备的操作方法、测试方法。

拉伸、压缩、扭转破坏实验

拉伸试验、压缩试验、扭转试验是研究材料力学性能的最基本试验，方法简单，数据可靠。工矿企业，研究所一般都用机械测试方法对材料进行出厂检验式进行复检，用测得的 $\sigma_s(\sigma_{0.2})$、σ_b、δ、Ψ 和 τ_s、τ_b 等指标来测定材质和进行强度、刚度计算。因此，对材料进行轴向拉伸、压缩和扭转试验具有工程实际意义。

不同材料在承受拉伸、压缩、扭转过程中表现出不同的力学性质和现象。低碳钢和铸铁分别是典型的塑性材料和脆性材料。低碳钢材料具有良好的塑性，在拉伸试验中弹性、屈服、强化和颈缩四个阶段尤为明显和清楚。在压缩试验中的弹性阶段、屈服阶段与拉伸试验基本相同，最后试样只能被压扁而不能被压断，无法测定其压缩强度极限 σ_b 值。低碳钢在扭转试验中，必经过了弹性、屈服和强化三个阶段，其屈服阶段的过程比拉伸时长，属于弹塑性力学问题，超过了工程力学范围，最后在切变力的作用下破坏。

铸铁材料受拉时处于脆性状态，其破坏是拉应力拉断。受压时有明显的塑性变形，其破坏由切应力引起的，破坏是沿大于45°～55°的斜面。承受扭转时，在与轴线成螺旋线45°方向被拉应力破坏。铸铁材料的抗压强度远远大于抗拉强度，通过铸铁拉伸、压缩、扭转试验观察脆性材料的变形过程和破坏方式，并与低碳钢受拉伸、压缩、扭转结果进行比较。可以分析不同应力状态时材料强度和塑性的影响。

§2-1　拉伸实验

一、实验目的

(1) 测定低碳钢的屈服强度 σ_s、强度极限 σ_b、伸长率 δ、断面收缩率 Ψ。
(2) 测定铸铁的强度极限 σ'_b。
(3) 观察材料在拉伸过程中的主要力学性能。

二、实验设备

(1) 材料万能试验机。
(2) 游标卡尺。

三、拉伸试样

试样的形状和尺寸对实验结果是有一定影响的。为了减少形状和尺寸对实验结果的影响，便于比较实验结果。应按统一规定制备试样。拉伸试样应按国标 GB/T6397—1986《金属拉伸试验试样》进行加工。拉伸试样分为比例试样和定标试样两种：

1. 比例试样(矩形试样)

$$L_0 = 11.3\sqrt{A_0} \text{ 或 } L_0 = 5.65\sqrt{A_0}$$

2. 定标试样(圆截面试样)

$$l_0 = 10d_0 \text{ 或 } l_0 = 5d_0$$

定标试样的 l_0 与横截面积 A_0 不必满足前述关系，l_0 的长短参照有关标准或协商确定。低碳钢试样，颈缩部分及其影响区的塑性变形在伸长率中占很大的比例。显然，同种材料的伸长率不仅取决于材质，而且还取决于试样的标距。试样愈短，局部变形所占的比例愈大，δ 也就愈大。为了便于相互比较，测定伸长率应采用比例试样。试样标距长度是直径的 10 倍所测定的伸长率记作 δ_{10}，试样标距长度是直径的 5 倍所测定的伸长率记作 δ_5。国家标准推荐使用短比例试样。

一般拉伸试样采用哑铃状(特别是脆性材料)，由工作部分(或称平行长度部分)、圆弧过渡部分和夹持部分组成，如图 2-1 所示。工作部分的表面粗糙度应符合国标规定，以确保材料表面的单向应力状态。平行长度段的有效工作长度即为标距 l_0，平行长度为 l，圆截面试样 $l \geqslant l_0 + d_0$，矩形截面试样 $l \geqslant l_0 + b_0/2$。圆弧过渡应有适当的圆角和台阶，脆性材料的圆角半径要比塑性材料的大一些，以减小应力集中，并确保试样不会在该处断裂。试样两端的夹持部分用以传递拉伸载荷，其形状和尺寸要与试验机的钳口夹块相匹配。一般对于直接用钳口夹紧的试样，其夹持部分长度应不小于钳口深度的 3/4。

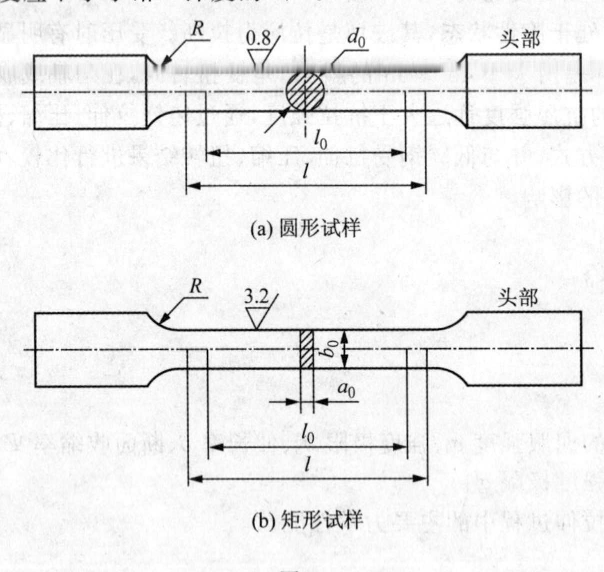

(a) 圆形试样

(b) 矩形试样

图 2-1

四、实验原理和方法

1. 低碳钢拉伸实验

低碳钢试样在静拉伸试验中，通常可直接得到拉伸曲线，如图 2-2(a)所示。用准确的拉伸曲线可直接换算出应力应变 σ-ε 曲线，如图 2-2(b)所示。首先将试件安装于试验机的夹头内，之后匀速缓慢加载(加载速度对力学性能有一定影响,速度越快,所测的强度值就越高),试样依次经过弹性、屈服、强化和颈缩四个阶段,其中前三个阶段是均匀变形的。

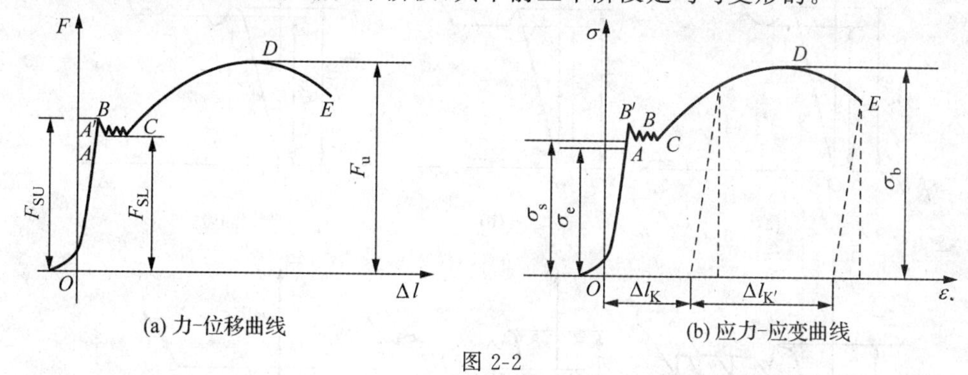

图 2-2

(1) 弹性阶段:是指图 2-2(a)上的 OA' 段,没有任何残留变形。在弹性阶段,载荷与变形是同时存在的,当载荷卸去后变形也就恢复。在弹性阶段,存在一比例极限点 A,对应的应力称为比例极限 σ_p,在图 2-2(b)的 OA 段载荷与变形是成比例的,材料的弹性模量 E 应在此范围内测定,具体方法详见有关章节。

(2) 屈服阶段:对应图 2-2 上的 BC 段。金属材料的屈服是宏观塑性变形开始的一种标志,是位错增值和运动的结果,是由切应力引起的。在低碳钢的拉伸曲线上,当载荷增加到一定数值时,拉伸曲线出现锯齿现象。这种载荷在一定范围内波动而试样还继续变形伸长的现象称为屈服现象。屈服阶段中一个重要的力学性能就是屈服点。低碳钢材料存在上屈服点和下屈服点,不加说明,一般都是指下屈服点。上屈服点对应图 2-2 中的 B 点,记为 F_{SU},即试样发生屈服而力首次下降前的最大力值。下屈服点记为 F_{SL},是指不计初始瞬时效应的屈服阶段中的最小力值,注意这里的初始瞬时效应对于液压摆式万能试验机由于摆的回摆惯性尤其明显,而对于电子万能试验机或液压伺服试验机不明显。

一般通过指针法或图示法来确定屈服点,确定做法可概括为:当屈服出现一对峰谷时,则对应于谷底点的位置就是屈服点;当屈服阶段出现多个波动峰谷时,则除去第一个谷值后所余最小谷值点就是屈服点。图 2-3 给出了几种常见屈服现象和 F_{SU}、F_{SL}的确定方法。用上述方法测得屈服载荷后,根据式 (2-1)、式(2-2)、式(2-3)分别计算出屈服点、下屈服点和上屈服点

$$\sigma_s = F_s/A_0, \tag{2-1}$$

$$\sigma_{SL} = F_{SL}/A_0, \tag{2-2}$$

$$\sigma_{SU} = F_{SU}/A_0。 \tag{2-3}$$

(3) 强化阶段:对应于图 2-2 中的 CD 段。变形强化标志着材料抵抗继续变形的能力在增强。这也表明材料要继续变形,就要不断增加载荷。在强化阶段如果卸载,弹性变形会随之消失,塑性变形将会永久保留下来。强化阶段的卸载路径与弹性阶段平行。卸载后重新加载时,加载线仍与弹性阶段平行。重新加载后,材料的比例极限明显提高,而塑性性能会相应下降。这种现象称之为形变硬化或冷作硬化。冷作硬化是金属材料的宝贵性质之一。工程中利用冷作硬化工艺的例子很多,如挤压、冷拔、喷丸等。图 2-2 中 D 点是拉伸曲线的最高点,极限载荷为 F_u,对应的应力是材料的强度极限或抗拉极限,记为 σ_b,其计算公式为

$$\sigma_b = F_u/A_0。 \tag{2-4}$$

(4) 颈缩阶段:对应于图 2-2 的 DE 段。载荷达到最大值后,塑性变形开始局部进行。这是

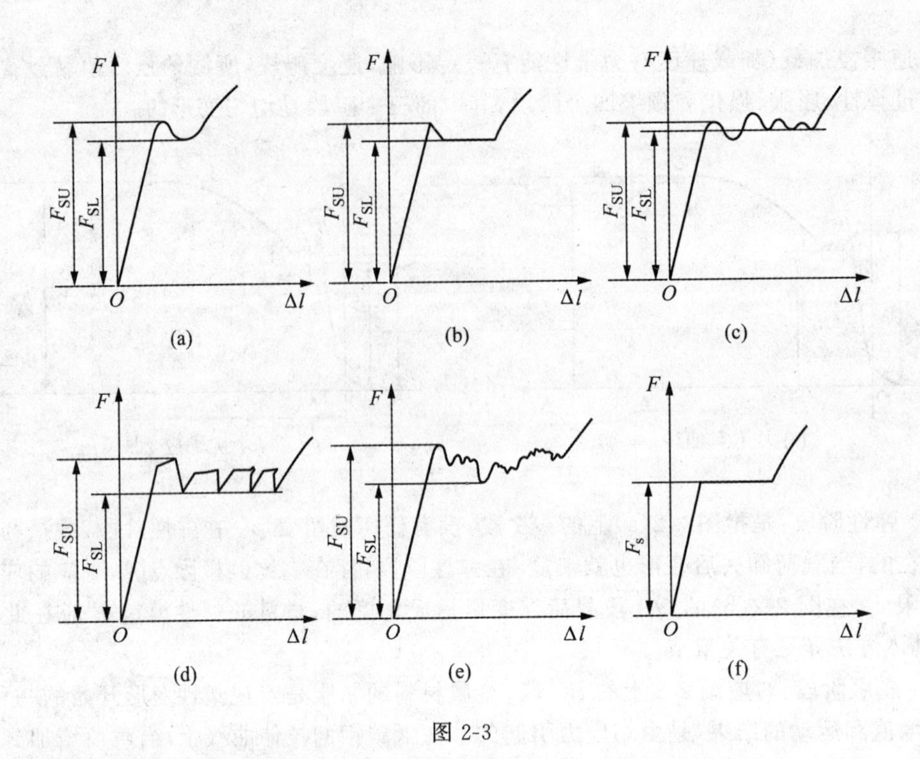

图 2-3

因为在最大载荷点以后，形变强化跟不上变形的发展，同时由于材料本身缺陷的存在，于是均匀变形转化为集中变形，导致形成颈缩。颈缩阶段，承载面积急剧减小，试样承受的载荷也不断下降，直至断裂。断裂后，试样的弹性变形消失，塑性变形则永久保留在破断的试样上。材料的塑性性能通常用试样断后残留的变形来衡量。轴向拉伸的塑性性能通常用伸长率 δ 和断面收缩率 Ψ 来表示，计算公式为

$$\delta = \frac{l_1 - l_0}{l_0} \times 100\%, \tag{2-5}$$

$$\Psi = \frac{A_0 - A_1}{A_0} \times 100\%。 \tag{2-6}$$

式中：l_0、A_0 分别表示试样的原始标距和原始面积；l_1、A_1 分别表示试样标距的断后长度和断口面积。

塑性材料颈缩部分的变形在总变形中占很大比例，研究表明，低碳钢试样颈缩部分的变形占塑性变形的80%左右，如图 2-4 所示。测定断后伸长率时，颈缩部分及其影响区的塑性变形都包含在 l_1 之内，这就要求断口位置到最邻近的标距线大于 $l_0/3$，此时可直接测量试样标距两端的距离得到 l_1。否则就要用移位法使断口居于标距的中央附近。若断口落在标距之外则试验无效。

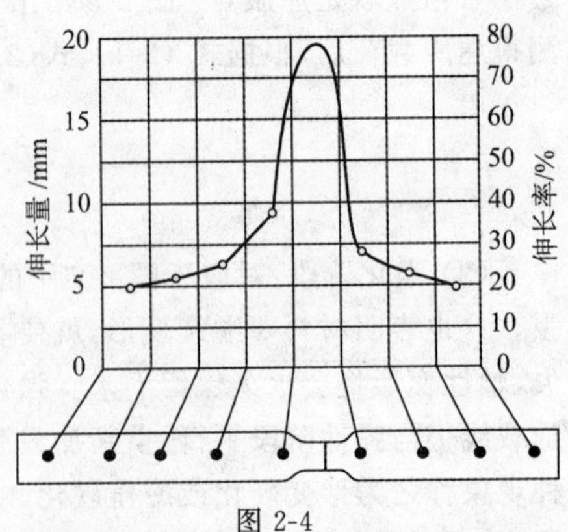

图 2-4

(5) 讨论：

① 断口移位法：当试样断口到最邻近标距端线的距离小于或者等于 1/3 时，必须用断口移位法来计算 l_1。具体方法是：在进行试验前，先把试样在标距内 n 等分（一般十等分），并打上标记。拉断试样后，在长段上从拉断处 O 取基本等于短段格数得 B 点。若长段所余格数为偶

数，则取其一半得 C 点，这时 $l_1=AB+2BC$，如图 2-5(a)所示。若长段所余格数为奇数，则减 1 后的一半得到 C 点、加 1 后的一半得到 C_1 点，这时 $l_1=AB+BC+BC_1$，如图 2-5(b)所示。

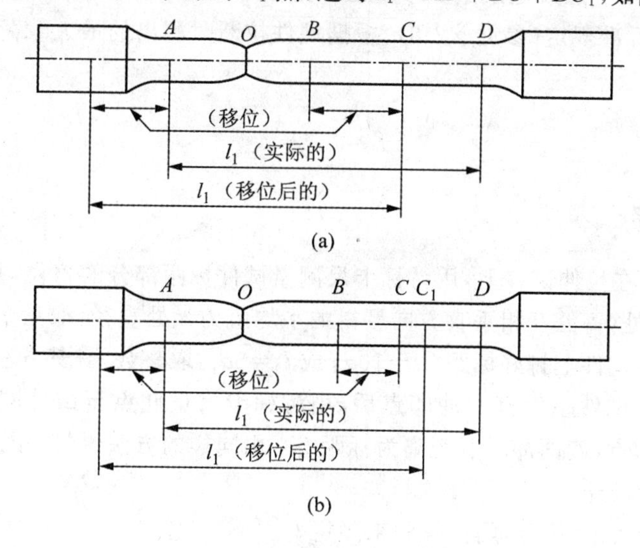

图 2-5

② 试样标距对伸长率 δ 的影响：把试样断裂后的塑性伸长量 Δl 分成均匀变形阶段的伸长量 Δl_1 和颈缩阶段的伸长量 Δl_2 两部分。研究表明，Δl_1 沿试样标距长度均匀分布，Δl_2 主要集中于缩颈附近。远离缩颈处的变形较小，Δl_1 要比 Δl_2 小得多，一般 Δl_1 不会超过 Δl_2 的 5%。实验与理论研究表明，Δl_1 与试样初始标距长度 l_0 成正比，即 $\Delta l_1=\alpha l_0$；Δl_2 与试样横截面积的大小 A_0 有关，即 $\Delta l_2=\beta\sqrt{A_0}$，$\alpha$、$\beta$ 是材料常数。因此，$\Delta l=\Delta l_1+\Delta l_2=\alpha l_0+\beta\sqrt{A_0}$，伸长率为

$$\delta=\Delta l/l_0=(\alpha l_0+\beta\sqrt{A_0})/l_0=\alpha+\beta\sqrt{A_0}/l_0。\tag{2-7}$$

由上式可知，对同一种材料，只有在试样的 $\sqrt{A_0}/l_0$ 值为常数的条件下，其断后伸长率 δ 才是材料常数。若面积 A_0 相同时，l_0 大，则 δ 小；l_0 小，则 δ 反而大。故有 $\delta_5>\delta_{10}$。

③ 矩形截面的试样断后面积 A_1 的测量：用颈缩处的最大宽度 b_1 乘以最小厚度 a_1 得到断后面积 A_1，如图 2-6 所示。

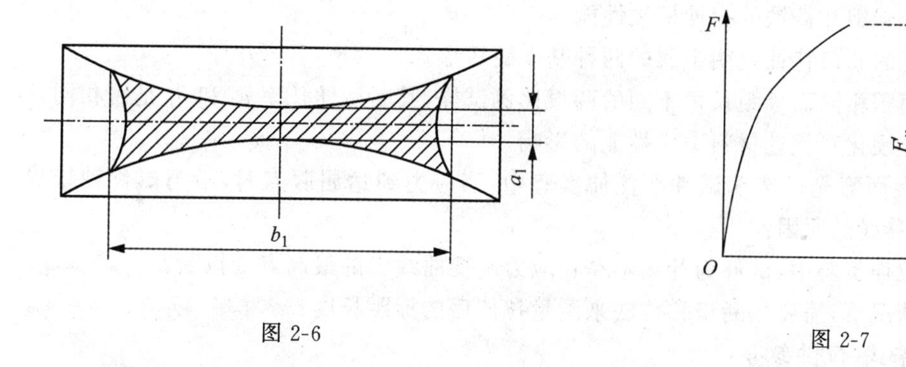

图 2-6　　图 2-7

2. 铸铁拉伸实验

铸铁是典型的脆性材料。拉伸曲线如图 2-7 所示，可以近似认为经弹性阶段直接断裂。断裂面平齐且为闪光的结晶状组织，说明是由拉应力引起的。由图 2-7 看到铸铁拉伸时并没有经

过屈服阶段，因而无法从测力盘中读出屈服强度。这种材料的屈服强度，即屈服极限，通常用条件屈服强度 $\sigma_{0.2}$ 表示。一般规定残余变形量值取为标距 l_0 的 0.2%，对应的应力记为 $\sigma_{0.2}$。具体使用方法参考国家标准规定(参见§2-6)。根据试件拉断时测出的最大载荷 F'_u，按下式计算抗拉强度极限

$$\sigma'_b = \frac{F'_u}{A_0}。 \tag{2-8}$$

五、实验步骤

(1) 试件准备。在拉伸试件上，用游标卡尺测量试件标距部分的直径。按国标规定，在标距范围的中间及两端处，每处互相垂直方向量得的平均值为该处直径，取三个数值中的最小值为计算直径。然后，在试件上打好标距($l_0=10d_0$ 或 $l_0=5d_0$，取整数)。其方法为：

① 用洋冲在靠试件一端打一冲印点后，用游标卡尺量此点至试件同一母线上距离为 l_0 处，打上第二个冲印点，使两冲印点距离为标距 l_{01}。用同样的方法再打一对冲印点，标距为 l_{02}，使 l_{01} 与 l_{02} 相互尽量错开。

② 将一标距分为 10 等分，用位移法来测定 l_1。

(2) 试验机准备。对试验机根据试件的材料和尺寸选择合适的示力盘和相应的摆锤。调整测力指针，对准"零点"，或将计算机显示屏的测力框数值清零。

(3) 按第 5 章所述的相关试验机操作步骤进行操作，进行实验。

(4) 实验开始，控制好试验机的加载速度，缓慢加载。注意观察实验过程中试件的变化现象，记下所需数据。

(5) 实验结束，关机，复原，取出试件，量取有关尺寸(d_1 和 l_1)，观察断口形貌。

六、实验结果处理

以表格的形式处理实验结果。根据记录的原始数据，计算出低碳钢的 σ_s、σ_b、δ 和 Ψ，铸铁的 σ'_b，最后写出实验报告(具体格式见本节末【附】)。

七、思考题

(1) 试比较低碳钢和铸铁的拉伸机械性能。

(2) 试以不同的断口特征说明金属的两种基本破坏形式。

(3) 材料和面积相同而标距长短不同的两根比例试样，其断后伸长率 δ_5 和 δ_{10} 是否相同。

(4) 试述冷作硬化对塑性材料力学性能的影响。

(5) 试分析表面磨光低碳钢试件在拉伸实验中，当应力到达屈服点时，沿与试件轴线成 45°角方向出现滑移线的原因？

(6) 低碳钢拉伸实验中，试件为什么不是在应力应变曲线图的最高点处拉断？

(7) 在什么情况下，需要用断口移位法来测量拉伸后的标距长度？

【附】 实验报告格式(仅供参考)

实验名称：　　实验日期：　　班级：　　同组者：

报告人：　　温度：　　湿度：

(1) 实验目的。

(2) 实验用仪器设备：机(仪)器名称、型号、精度，量具名称、型号、精度。
(3) 实验原理方法简述。
(4) 实验步骤简述。
(5) 实验数据和结果处理(见表 2-1 和表 2-2)。

表 2-1 拉伸试件尺寸表

材料名称	标距 l_0/mm	试验前										试验后		
		直径 d_0/mm									最小截面积 A_0	断后标长 l_1	缩颈直径 d_0	缩颈面积 A_0
		①			②			③			mm^2	mm	mm	mm^2
				平均			平均			平均				

表 2-2 实验数据和处理结果

受力形式	材料	强 度				塑 性	
		屈服载荷 F_s/kN	最大载荷 F_u/kN	屈服点 σ_s/MPa	抗拉(压)强度 σ_b/MPa	伸长率 δ/%	断面收缩率 Ψ/%
拉伸							
压缩							

(6) 根据实验结果绘制应力-应变曲线，以及试样断口示意图。
(7) 分析讨论和回答思考题。

§2-2 压缩实验

一、试验目的

(1) 测定压缩时低碳钢的屈服极限 σ_s 和铸铁的强度极限 σ'_b。
(2) 观察低碳钢和铸铁时的变形和破坏现象，并进行比较。

二、试验设备

(1) 游标卡尺。
(2) 材料万能试验机。

三、压缩试件

压缩试样通常为柱状，横截面分为圆形和方形两种，如图 2-8 所示。试样受压时，两端面与试验机压头间的摩擦力很大，使端面附近的材料处于三向压应力状态，约束了试样的横向变形，试样越短，影响越大，实验结果越不准确。因此，试样应有一定的长度。但是，试样太长又容易产生纵向弯曲而失稳。金属材料的压缩试样通常采用圆试样。铸铁压缩实验时取 $l=(1\sim2)d_0$。

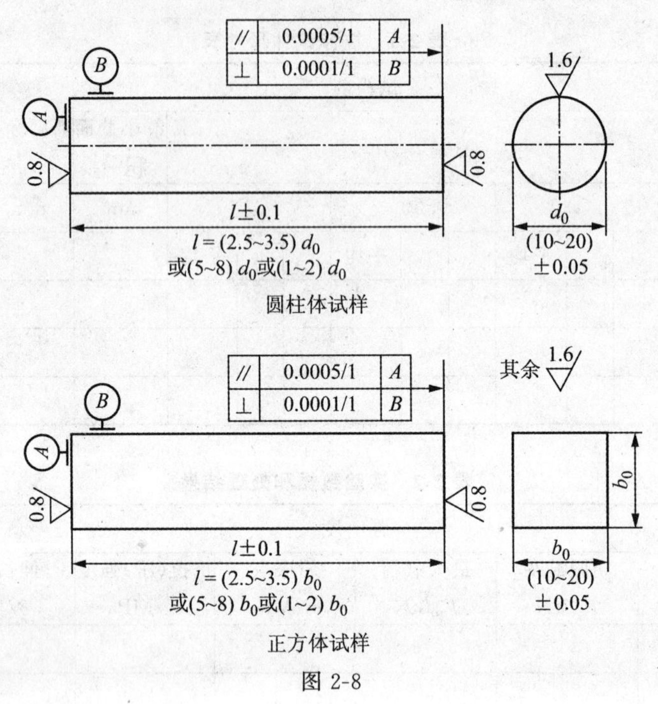

图 2-8

四、试验原理

压缩时的试件一般制成圆柱形。规定 $1<h_0/d_0<3$。为了承受轴向压力，试件两端面涂以润滑剂，可以减小摩擦力。

1. 低碳钢压缩实验

低碳钢压缩时的力-位移曲线如图 2-9 所示。由图 2-9 中可知其屈服阶段为开始出现变形增长较快的非线性小段，不像拉伸那样明显，故要特别小心观察。在缓慢均匀加载下，注意观察测力指针转动减慢或第一次返回时所对应的载荷即为屈服载荷 F_s。随后继续加载，也就是曲线继续上升，此时因为塑性变形迅速增长，试件开始变为鼓形，即横截面面积也随之增大，而增加的面积能承受更大的载荷。为此，试件最后可压成饼状而不破裂，无法测出强度极限。因此

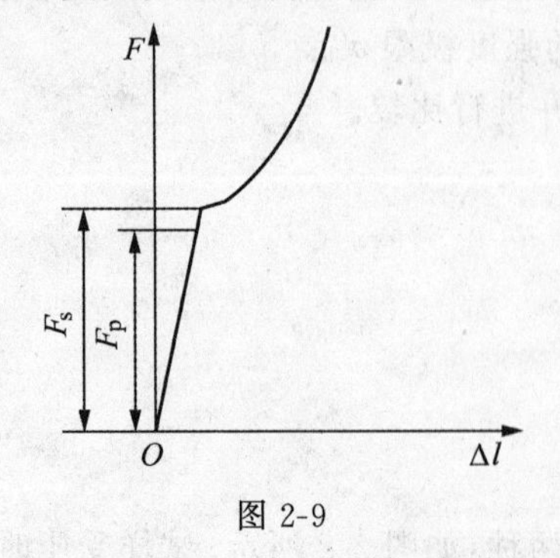

图 2-9

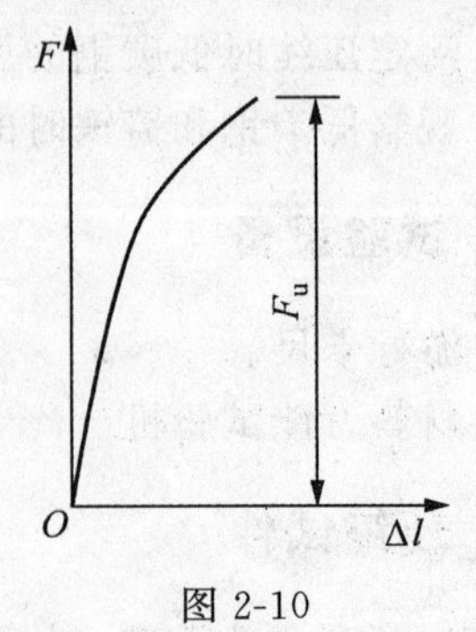

图 2-10

一般测试低碳钢的机械性能不用压缩试验。

2. 铸铁压缩实验

铸铁压缩时的力-位移曲线如图 2-10 所示。达到最大载荷 F_u 前，会出现较大的塑性变形，尔后才发生破裂。此时测力指针迅速倒退至零。由随动指针可读出最大载荷 F_u 值。铸铁最后被压成鼓形。表面出现与试件轴线大约成 45°左右的倾斜裂纹，破坏主要由切应力引起。

五、试验步骤

可参考拉伸时的实验步骤。

六、试验结果的处理

根据试验记录，利用式(2-1)和式(2-8)分别计算出压缩时低碳钢的屈服极限 σ_s 和铸铁的强度极限 σ_b。

七、思考题

低碳钢受压时为什么没有强度极限 σ_b？

【附】 实验报告格式(仅供参考)：

实验名称：　　　实验日期：　　　班级：　　　同组者：

报告人：　　　温度：　　　湿度：

(1) 实验目的。

(2) 实验用仪器设备：机(仪)器名称、型号、精度，量具名称、型号、精度。

(3) 实验原理方法简述。

(4) 实验步骤简述。

(5) 实验数据和结果处理(见表 2-3)。

表 2-3　实验数据和处理结果

材　料	直径/mm	高度/mm	载荷 F_s/kN	载荷 F_u/kN	强度计算
低碳钢					$\sigma_s=F_s/A_0$
铸　铁					$\sigma_b=F_u/A_0$

(6) 根据实验结果绘制 F-ΔL 图。

(7) 分析讨论和回答思考题。

§ 2-3　扭转实验

工程中承受扭转的构件很多，如各类电动机轴、传动轴、钻杆等。材料在扭转变形下的力学性能，如剪切屈服极限 τ_s、抗扭强度 τ_b、切变模量 G 等，是进行扭转强度计算和刚度计算的依据。本节将介绍 τ_s、τ_b 的测定方法及扭转破坏的规律和特征。

一、实验目的

(1) 观察低碳钢和铸铁在扭转过程中的变形规律和破坏特征。

(2) 测定低碳钢扭转时的屈服极限 τ_s 和抗扭强度 τ_b；测定铸铁扭转时的抗扭强度 τ_b。

(3) 了解扭转试验机的结构和原理，掌握操作方法。

二、实验设备

(1) 电子扭转试验机。

(2) 游标卡尺。

三、试件

扭转试验所用试件与拉伸试件的标准相同，一般使用圆形试件，$d_0=12$mm，标距 $l_0=50$mm或 100mm，平行长度 l 为 70mm 或 120mm。其他直径的试样，其平行长度为标距长度加上 2 倍直径。为防止打滑，扭转试样的夹持段宜为类矩形，如图 2-11 所示。

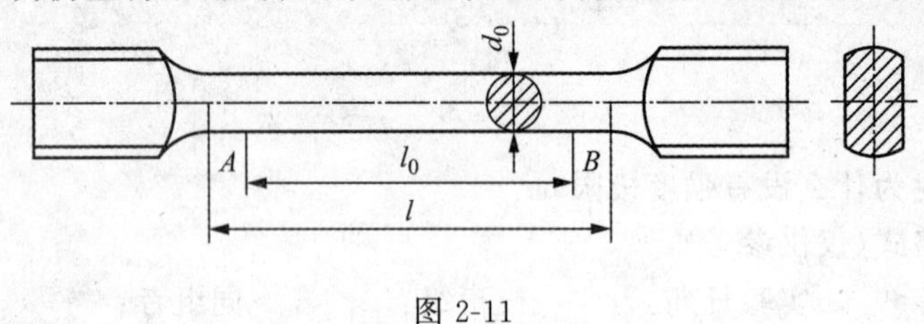

图 2-11

四、实验原理和方法

扭转试验是工程力学试验中最基本、最典型的试验之一。进行扭转试验时，把试样两夹持端分别安装于扭转试验机的固定夹头和活动夹头之间。按照试验机的操作步骤：开启直流电动机，经过齿轮减速器带动活动夹头转动，试样就承受了扭转载荷，试样本身随之产生扭转变形。扭转试验机上的计算机显示屏上可以直接读出扭矩 T 和扭转角 ϕ，同时试验机也自动绘出了 T-ϕ 曲线图，一般 ϕ 是试验机两夹头之间的相对扭转角。要想测得试样上任意两截面间的相对转角，必须加装测量扭角的传感器。目前扭转试验的标准是 GB/T10128—2007。

1. 低碳钢扭转实验

因材料本身的差异，低碳钢扭转曲线有两种类型，如图 2-12 所示。与低碳钢的拉伸曲线不尽相同，扭转曲线表现为弹性、屈服和强化三个阶段。它的屈服过程是由表面逐渐向圆心扩展，形成环形塑性区(试件截面的应力分布图如图 2-13 所示)。当横截面的应力全部屈服后，试样才会全面进入塑性。在屈服阶段，扭矩基本不动或呈下降趋势的轻微波动，而扭转变形继续增加。当首次扭转角增加而扭矩不增加(或保持恒定)时的扭矩为屈服扭矩，记为 T_s；首次下降前的最大扭矩为上屈服扭矩，记为 T_{SU}；屈服阶段中最小的扭矩为下屈服扭矩，记为 T_{SL}(不加说明时指下屈服扭矩)。对试样连续施加扭矩直到扭断，此时获得最大值 T_b。考虑到整体屈服后塑性变形对应力分布的影响，低碳钢扭转屈服点和抗扭强度理论上应该按下式计算：

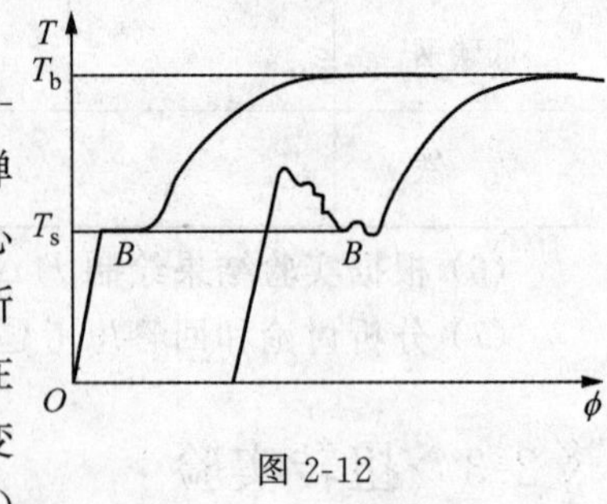

图 2-12

$$\tau_s=3T_s/(4W_P),\tau_b=3T_b/(4W_P)。\qquad(2\text{-}9)$$

原因在于，结束弹性阶段后，当继续试件加载承受的扭矩达到一定数值时，试件横截面边缘处的切应力开始达到剪切屈服极限 τ_s，这时扭矩记为 T_p。在 T_p 扭过 T_s 后，横截面上的应力分布不再是线性的，如图 2-13(c)所示。在圆轴的外围部分发生屈服，形成环形塑性区。

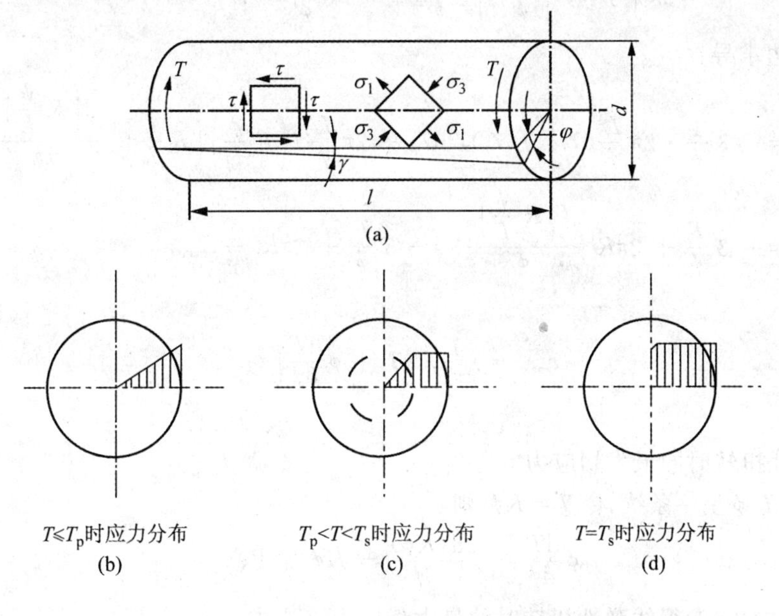

图 2-13

此后，随着扭转的持续增加，试件继续扭转变形，试件截面塑性区不断由外边缘向圆心内扩展，T-ϕ 曲线稍微上升，直至 B 段趋于平坦(见图 2-12)。计算机显示屏的扭矩值基本保持不变，这时塑性区占据了几乎全部截面(见图 2-13(d))。因而低碳钢承受扭矩时是一个非弹性的扭转，不能用材料力学所推出的 $\tau_s = T/W_p$ 公式来计算，必须考虑 τ 与 γ 之间的非线性关系，用 Nadai 公式来计算。由图 2-13(c)知，设横截面上任意半径为 ρ 处的切应力为 τ_ρ，则整个截面上的扭矩为

$$T = \int_0^R 2\pi\rho^2\tau_\rho \mathrm{d}\rho = 2\pi\int_0^R \rho^2\tau_\rho \mathrm{d}\rho。 \tag{2-10}$$

几何关系：

$$\gamma = \rho\frac{\phi}{L} \quad (其中 \phi 为圆轴扭转角, L 为圆轴长度),$$

所以

$$\rho = \frac{L}{\phi}\gamma_\rho,$$

则

$$\mathrm{d}\rho = \frac{L}{\phi}\mathrm{d}\gamma_\rho。 \tag{2-11}$$

物理关系：

假设切应力与切应变的关系为

$$\tau = f(\gamma_\rho), \tag{2-12}$$

横截面上最大切应力发生在 $\rho = R$ 的周边上；其为

$$\tau_{\max} = f\left(R\frac{\phi}{L}\right),$$

将式(2-11)、式(2-12)代入式(2-10)，得

$$T = 2\pi\int_0^R f(\gamma_\rho)\left(\frac{L}{\phi}\gamma_\rho\right)^2\frac{L}{\phi}\mathrm{d}\gamma_\rho = 2\pi\,\frac{L^3}{\phi^3}\mathrm{d}\gamma_\rho\int_0^R f(\gamma_\rho)\gamma_\rho^2\mathrm{d}\gamma_\rho,$$

对上式两边求导：

$$\frac{\mathrm{d}T}{\mathrm{d}\phi} = -3\,\frac{1}{\phi}\cdot 2\pi\,\frac{L^3}{\phi^3}\mathrm{d}\gamma_\rho\int_0^R f(\gamma_\rho)\gamma_\rho^2\mathrm{d}\gamma_\rho + 2\pi\,\frac{L^3}{\phi^3}f\left(R\,\frac{\phi}{L}\right)\left(R\,\frac{\phi}{L}\right)^2\frac{\mathrm{d}\left(R\,\frac{\phi}{L}\right)}{\mathrm{d}\phi}$$

$$= -3\,\frac{T}{\phi} + 2\pi R^3\,\frac{f\left(R\,\frac{\phi}{L}\right)}{\phi} = -3\,\frac{T}{\phi} + 2\pi R^3\,\frac{1}{\phi}\tau_{\max},$$

所以

$$\tau_{\max} = \frac{1}{2\pi R}\left(3T + \phi\,\frac{\mathrm{d}T}{\mathrm{d}\phi}\right)。\tag{2-13}$$

讨论：

(1) 线弹性扭转时的最大切应力 $\tau_{\max}$：

当 $T<T_{\mathrm{p}}$，T-ϕ 呈一条线，令 $T=K\phi$，则

$$\phi\,\frac{\mathrm{d}T}{\mathrm{d}\phi} = \phi\,\frac{\mathrm{d}(K\phi)}{\mathrm{d}\phi} = K\phi = T,$$

将此关系代入式(2-13)得线弹性扭转时的最大切应力表达式

$$\tau_{\max} = \frac{1}{2\pi R^3}(3T + T) = \frac{16T}{\pi(2R)^3} = \frac{T}{W_{\mathrm{P}}}。$$

(2) 塑性扭转的屈服极限 τ_{s}：

当 $T=T_{\mathrm{s}}$，T-ϕ 呈为一条水平线，显然

$$\left.\frac{\mathrm{d}T}{\mathrm{d}\phi}\right|_{\mathrm{s}} = 0,$$

将此关系代入式(2-13)，得屈服极限

$$\tau_{\mathrm{s}} = \frac{1}{2\pi R^3}(3T_{\mathrm{s}}) = \frac{3}{4}\cdot\frac{16T_{\mathrm{s}}}{\pi(2R)^3} = \frac{3T_{\mathrm{s}}}{4W_{\mathrm{P}}}。$$

(3) 塑性扭转的强度极限 τ_{b}：

当 $T>T_{\mathrm{s}}$，T-ϕ 曲线上的斜率很小，可认为，当扭断时

$$T = T_{\mathrm{b}},\left.\frac{\mathrm{d}T}{\mathrm{d}\phi}\right|_{\mathrm{b}} \approx 0,$$

将此关系代入式(2-13)得切应力强度极限

$$\tau_{\mathrm{b}} = \frac{1}{2\pi R^3}(3T_{\mathrm{b}}) = \frac{3}{4}\cdot\frac{16T_{\mathrm{b}}}{\pi(2R)^3} = \frac{3T_{\mathrm{b}}}{4W_{\mathrm{P}}}。$$

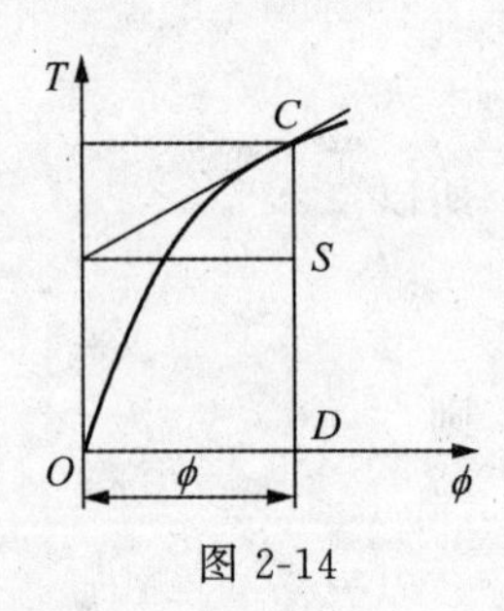

图 2-14

(4) 式(2-13)的几何意义(见图 2-14)：

$$\tau_{\max} = \frac{1}{2\pi R^3}(CS + 3DC),$$

为了试验结果相互之间的可比性，国标 GB/T10128—2007 规定，低碳钢剪切屈服极限和抗扭强度采用式(2-14)计算。但本书要求仍按式(2-9)精确计算。

$$\tau_{\mathrm{s}} = T_{\mathrm{s}}/W_{\mathrm{P}},\tau_{\mathrm{b}} = T_{\mathrm{b}}/W_{\mathrm{P}}。\tag{2-14}$$

2. 铸铁扭转实验

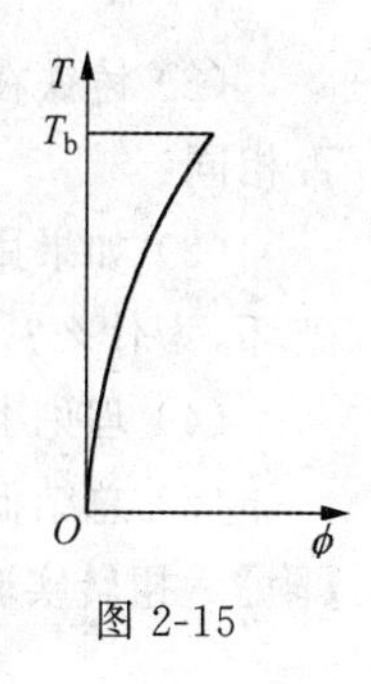

图 2-15

铸铁试样扭转时，其扭转曲线不同于拉伸曲线，它有比较明显的非线性偏离，如图 2-15 所示。但由于变形很小就突然断裂，一般仍按弹性公式计算铸铁的抗扭强度，即

$$\tau_b = T_b/W_P。\qquad (2\text{-}15)$$

圆形试件受扭时，横截面上的应力应变分布如图 2-13(b)、(c)、(d)所示。在试样表面任一点，横截面上有最大切应力 τ_{max}，在与轴线成$\pm45°$的截面上存在主应力 $\sigma_1=\tau$，$\sigma_3=-\tau$(见图 2-13(a))。

低碳钢的抗剪能力弱于抗拉能力，试样沿横截面被剪断。铸铁的抗拉能力弱于抗剪能力，试样沿与 σ_1 正交的方向被拉断。图 2-16 给出了几种典型材料的宏观断口特征。由此可见，不同材料，其变形曲线、破坏方式、破坏原因都有很大差异。

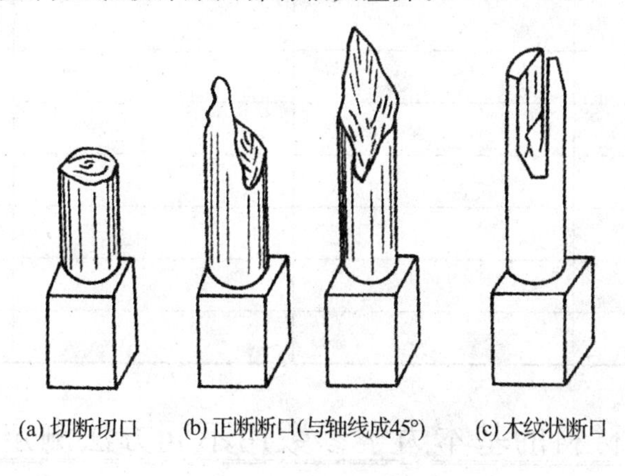

图 2-16

五、实验步骤

(1) 测量试件直径。选择试件标距两端及中间三个截面，每个截面在相互垂直方向各测一次直径后取平均值，用三处截面中平均值最小的直径计算 W_P。

(2) 试验机准备。根据试件的材料和尺寸选择适当的速度和吨位，调整示力值等为零点。

(3) 按 § 5-4 节所讲的扭转试验机操作步骤进行。

(4) 实验过程中注意观察试件的变化，记录所需数据和实验现象。

(5) 结束实验。试验机复原，关闭电源，清洁现场。

六、试验结果处理

以表格的形式处理实验结果(表格形式见本节末的附表)。根据记录的原始数据，计算出低碳钢的屈服点 τ_s、抗扭强度 τ_b，铸铁的抗扭强度 τ_b。画出两种材料的扭转破坏断口草图，并分析其产生的原因。

七、思考题

(1) 低碳钢拉伸和扭转的断裂方式是否一样？破坏原因是否一样？

(2) 铸铁在压缩破坏试验和扭转破坏试验中，断口外缘与轴线夹角是否相同？破坏原因是否相同？

(3) 如果用木头或竹材制成纤维与轴线平行的圆截面试样，受扭时它们将以怎样的方式破坏，为什么？

(4) 理论上计算低碳钢的屈服点和抗扭强度时，为什么公式中有 3/4 的系数？

(5) 总结低碳钢拉伸曲线与扭转曲线的相似处和不同点。

【附】 扭转实验报告格式和要求可参考拉伸试验。

表 2-4　实验记录和结果处理参考表

	低碳钢	铸 铁	备 注
最小直径 d_0/mm			
抗扭截面系数 W_P/mm^3			
屈服扭矩 T_s/N・m			
最大扭矩 T_b/N・m			
扭转屈服点 τ_s/MPa			
抗扭强度 τ_b/MPa			
断口立体形状			
破坏的力学原因			

材料的基本力学参数用不同方法测定

弹性模量 E、泊松比 υ 和切变模量 G，条件屈服强度 $\sigma_{0.2}$ 是各种材料的基本力学参数、测定工作十分重要，测试方法也很多，如引伸仪法、千分表法、电测法、绘图法、自动检测法。目前较常用的是引伸仪法、电测法、绘图法和自动检测法。本节介绍电子引伸仪法、电测法、绘图法或自动检测法。

§2-4　材料弹性模量 E 的测定

一、实验目的

(1) 用引伸仪法测定钢材的弹性模量 E。

(2) 学习用最小二乘法处理实验数据。

二、实验设备、仪器和试样

(1) 材料万能试验机。

(2) 电子式引伸仪。

(3) 游标卡尺。

(4) 低碳钢圆轴截面标准试件（$l_0=10d_0=100mm$）。

三、实验原理及方法

1. 弹性模量 E 的测定

弹性模量是应力低于比例极限时应力与应变的比值，即

$$E=\frac{\sigma}{\varepsilon}=\frac{Fl_0}{A_0\Delta l}。\tag{2-16}$$

可见，在比例极限内，对试样施加拉伸载荷 F，并测出标距 l_0 的相应伸长 Δl，即可求得弹性模量 E。在弹性变形阶段内试样的变形小，测量变形需用放大倍数为 1000 倍（分度值为 1/1000mm）的双表引伸仪，或放大倍数为 2000 倍（分度值为 1/2000mm）的球铰式引伸仪；或用电子引伸仪直接与计算机连接测出其变形量。

为检查载荷与变形的关系是否符合胡克定律，减少测量误差，试验一般用等增量法加载，即把载荷分成若干相等的加载等级 ΔF（见图 2-17），然后逐级加载。为保证应力不超出比例极限，加载前先估算出试样的屈服载荷，以屈服载荷的 70%～80% 作为测定弹性模量的最高载荷 F_n。此外，为使试验机夹紧试样，消除引伸仪和试验机机构的间隙，以及开始阶段引伸仪刀刃在试样上的可能滑动，对试样应施加一个初载荷 F_0，F_0 可取为 F_n 的 10%。从 F_0 到 F_n 将载荷分成 n 级，且 n 不小于 5，于是

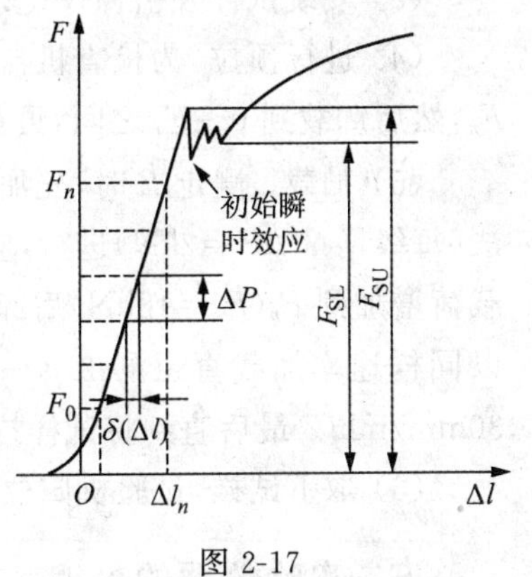

图 2-17

$$\Delta F=\frac{F_n-F_0}{n}\qquad(n\geqslant 5),$$

例如，若低碳钢的屈服极限 $\sigma_s=235\text{MPa}$，试样直径 $d_0=10\text{mm}$，则

$$F_n=\frac{1}{4}\pi d_0^2\times\sigma_s\times 80\%=14.8\text{kN}\quad（取为 15kN），$$

$$F_0=F_n\times 10\%=1.5\text{kN}\quad（取=2kN）。$$

实验时，从 F_0 到 F_n 逐级加载，载荷的每级增量为 ΔF。对应着每个载荷 $F_i(i=1,2,\cdots,n)$，记录下相应的伸长 Δl_i，Δl_{i+1} 与 Δl_i 的差值即为变形增量 $\delta(\Delta l)_i$，它是 ΔF 引起的伸长增量。在逐级加载中，若得到的各级 $\delta(\Delta l)_i$ 基本相等，就表明 Δl 与 ΔF 成线关系，符合胡克定律。完成一次加载过程，将得到 F_i 和 Δl_i 的一组数据，按线性拟合法求得

$$E=\frac{(\sum F_i)^2-n\sum F_i^2}{\sum F_i\sum\Delta l_i-n\sum F_i\Delta l_i}\cdot\frac{l_0}{A_0}。\tag{2-17}$$

上式的推导详见附录Ⅰ，这里不再复述。

除用线性拟合法确定 E 外，还可用下述弹性模量平均法进行求解。对应于每一个 $\delta(\Delta l)_i$，由式(2-18)可以求得相应的

$$E_i=\frac{\Delta F\cdot l_0}{A_0\delta(\Delta l)_i},\quad i=1,2,\cdots,n。\tag{2-18}$$

n 个 E_i 的算术平均值

$$E=\frac{1}{n}\sum E_i,\tag{2-19}$$

即为材料的弹性模量。

注意：逐级加载时，每级增量 $\Delta F=2\text{kN}$（即 $F_1=2\text{kN}, F_2=4\text{kN}, \cdots, F_9=18\text{kN}$ 为止），测出相应的伸长量 $\Delta l_i (i=1,2,\cdots,n)$。

四、实验步骤

(1) 测量试样尺寸。在标距 l_0 的两端及中部三个位置上，沿两个相互垂直的方向，测量试样直径，以其平均值计算各横截面积，再以三者的平均值 $\overline{A}_0$ 代入公式中计算 E。

(2) 试验机准备。使用液压万能机时，根据估计的最大载荷，选择合适的示力度盘和相应的摆锤，并按§5-1 中提出的操作规程进行操作。使用电子万能机时，同样要选定载荷和变形的量程，并按§5-3 中提出的操作规程进行操作。

(3) 安装试样及引伸仪（参见§5-6）。

(4) 进行预拉。为检查机器和仪表是否处于正常状态，先把载荷预加到测定 E 的最高载荷 F_n，然后卸载到 $0\sim F_n$ 之间，可重复多次，使引伸仪和试样变形协调，提高实验精度。

(5) 加载。测定 E 时，先加载至 F_0，调整引伸仪为起始零点或记下初读数。加载按等增量法（每级增量 $\Delta F=2\text{kN}$）进行，应保持加载的均匀、缓慢，并随时检查数据是否符合胡克定律。载荷增加到 $F_n (F_n=18\text{kN})$ 后卸载。测定 E 的试验应重复三次，完成后卸载取下引伸仪。然后以同样速率加载直至测出 σ_s。屈服阶段后可增大实验速率，但也不应使横梁上升速率超过 30mm/min。最后直到将试样拉断，记下最大载荷 F_u。

(6) 取下试样，试验机归位。

五、实验数据的处理

实验数据的计算，可参照表 2-5 中相关公式。

表 2-5　测定 E 的数据及计算结果表格（供写实验报告参考用）

序　号	1	2	3	4	5	6	7	8	9
载荷 F									
变形 Δl									
增量 $\delta(\Delta l)$									

$\sum F_i^2$	$(\sum F_i)^2$	$\sum \Delta l_i^2$	$(\sum \Delta l_i)^2$	$\sum F_i \Delta l_i$	$\sum F_i \sum \Delta l_i$	$i=1,2,\cdots,n$ $n=$

相关系数 γ	$\gamma=\dfrac{n\sum F_i\Delta l_i-\sum F_i\sum \Delta l_i}{\sqrt{[n\sum F_i^2-(\sum F_i)^2][n\sum \Delta l_i^2-(\sum \Delta l_i)^2]}}$	
	线性拟合法	弹性模量平均法
弹性模量 E/GPa	$E=\dfrac{(\sum F_i)^2-n\sum F_i^2}{\sum F_i\sum \Delta l_i-n\sum F_i\Delta l_i}\cdot\dfrac{l_0}{A_0}$	$E_i=\dfrac{\Delta F l_0}{A_0\delta(\Delta l)_i}$ $E=\dfrac{1}{n}\sum E_i$

注：$\gamma=0$ 表明 F_i 与 Δl 线性无关，$\gamma=1$ 表明 F_i 与 Δl 线性相关；$0<|\gamma|<1$ 时，若 $|\gamma|$ 较大表示线性相关关系密切，反之不密切。

六、思考题

(1) 试样的截面形状和尺寸对测定弹性模量有无影响？

(2) 测定 E 时为何要加初载荷 F_0,并限制最高载荷 F_n？采用逐级加载的目的是什么？

(3) 为什么要用等载法进行试验:用等量增载法求得的弹性模量与一次加载到最终值求出的弹性模量 E 是否相同？

(4) 试评价测定 E 的两种计算 E 的方法——线性拟合法和弹性模量平均法。

§2-5 钢材切变模量 G 的测定

材料的切变模量是计算试件扭转变形的基本参数,本节将用三种不同测试方法来测定钢材的切变模量 G。

§2-5-1 用百分表扭角仪测切变模量 G

一、实验目的

测定钢材的切变模量 G。

二、实验设备、仪器及试样

(1) 扭转试验机。

(2) 扭角仪。

(3) 游标卡尺。

(4) 试样。

扭转试样一般为圆截面(见图 2-18)。l 为平行长度,安装扭角仪的 A、B 两截面的距离即为标距 l_0(见图 2-18)。在低碳钢试样表面画上两条纵向线和两条圆周线,以便观察扭转变形。

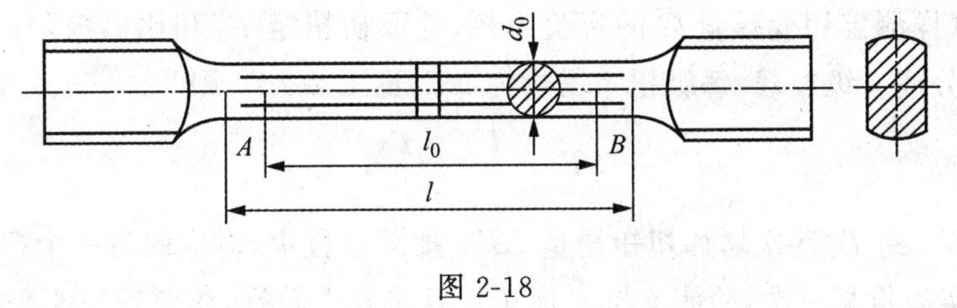

图 2-18

三、实验原理和方法

由工程力学可知,在剪切比例极限内,圆轴扭转角的计算公式为:

$$\phi = \frac{TL}{GI_P}。$$

式中:T 为扭矩,I_P 为圆截面的极惯性矩,L 为标距长度。由上式得:

$$G = \frac{TL}{\phi I_P}。$$

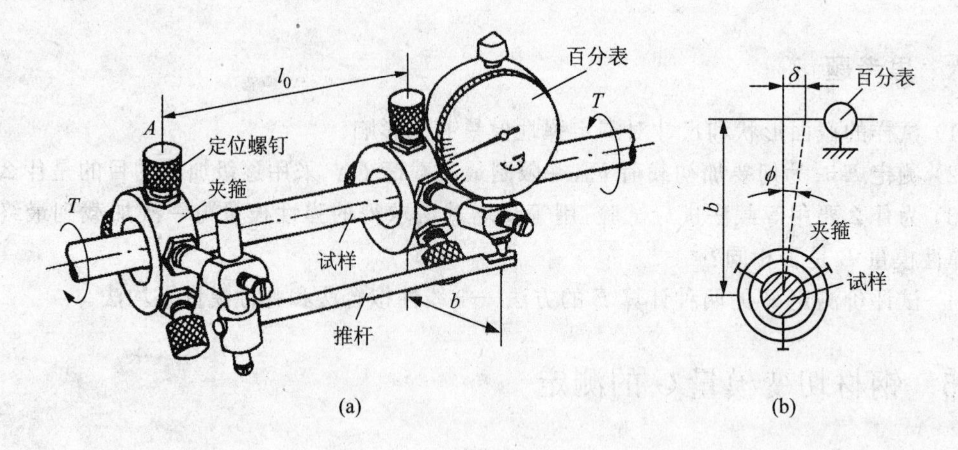

图 2-19

如图 2-19 所示，在低碳钢圆截面上安装扭角仪，按选定的标距 l_0，将扭转仪的套筒圆环 A 和套筒圆环 B 上分别用三个螺钉固定试件标距为 l_0 的 A、B 两个截面上，然后把装好扭角仪的试件安装在扭转试验机上进行实验，与拉伸时测弹性模量 E 一样，采取逐级加载法。由图可知，若百分表指示的位移为 δ，则 A、B 两截面的相对扭转角为

$$\phi = \frac{\delta}{b}。 \tag{a}$$

由工程力学知，在剪切比例极限内，圆轴扭转的变形公式为

$$\phi = \frac{Tl_0}{GI_P}。 \tag{2-20}$$

式中，T 为扭矩，I_P 为圆截面的极惯性矩。

式(2-20)表明 ϕ 与 T 成正比。实验时，T 为扭转机施加于试样上的扭转力矩，ϕ 可直接测定，两者的线性关系是容易验证的。

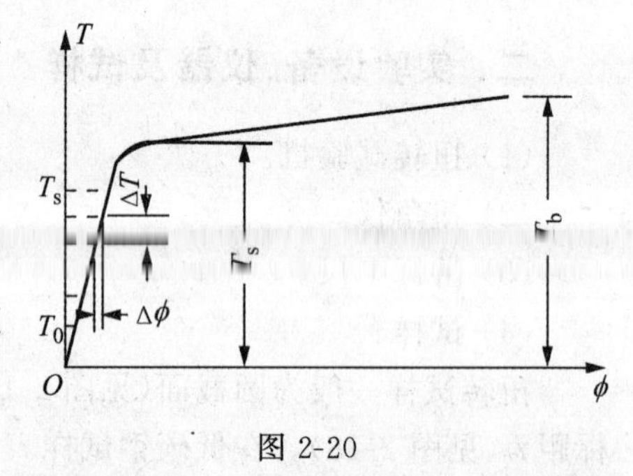

图 2-20

以低碳钢试样测定切变模量 G 的实验为例，选取初扭矩 T_0 和比例极限内最大试验扭矩 T_n，从 T_0 到 T_n 分成 n 级加载，每级扭矩增量为 ΔT(见图 2-20)，则

$$\Delta T = \frac{T_n - T_0}{n}, \tag{b}$$

实验时，由 T_0 到 T_n 逐次增加扭矩增量 ΔT。加载过程中，对应的每一个扭矩 T_i 都可测出相应的扭角 ϕ_i。实验重复三次，验明 ϕ 与 T 成正比且重复性较好，仿照拉伸实验测定 E 的方法，选择得到的一组数据 T_i、ϕ_i，拟合为直线(参看附录Ⅰ)，求出拟合直线的斜率

$$m = \frac{\sum T_i \sum \phi_i - n\sum T_i\phi_i}{(\sum T_i)^2 - n\sum T_i^2}, \quad i = 1,2,\cdots,n。 \tag{c}$$

令式(2-20)表示的直线的斜率 $l_0/(GI_P)$ 与 m 相等，从而求出

$$G = \frac{(\sum T_i)^2 - n\sum T_i^2}{\sum T_i \sum \phi_i - n\sum T_i\phi_i} \cdot \frac{l_0}{I_P}, \quad i = 1,2,\cdots,n。 \tag{2-21}$$

与扭矩增量 ΔT 对应的扭角增量是 $\Delta\phi_i = \phi_{i+1} - \phi_i$，加载中，若各级 $\Delta\phi_i$ 基本相等，就表明 ϕ

与 T 的关系是线性的。以 ΔT 和 $\Delta\phi_i$ 代入式(2-20)后,可以求得

$$G_i=\frac{\Delta T l_0}{I_P \Delta\phi_i},\quad i=1,2,\cdots,n, \tag{2-22}$$

这是按 $\Delta\phi_i$ 求得的切变模量。取 G_i 的平均值作为材料的切变模量,即

$$G=\frac{1}{n}\sum G_i,\quad i=1,2,\cdots,n。 \tag{2-23}$$

四、实验步骤

(1) 量出试件直径。

(2) 将扭转角仪固定在试件上夹紧。并放置好百分表,使百分表调整为“零”点。

(3) 进行试验。逐次等量加载,并记下相应的扭转角读数。

(4) 结束试验,检查 ΔT 与 $\Delta\phi$ 之间是否成线性关系。

五、注意事项

(1) 测 G 时,不要使试件的 $\tau_{\max}>\tau_{\mathrm{p}}$。

(2) 试件一定要夹紧,以免打滑。

(3) 在试验过程中,机器发生异常请立即关机。

六、实验数据的处理

计算切变弹性模量 G(同拉伸实验中计算 E 的方法)时可用增量法,即按式(2-23)计算每次的切变模量 G_i,再取其算术平均值。可得切变模量 G

$$G=\frac{\sum_{i=1}^{n}G_i}{n}\quad(\text{其中 } n \text{ 为加载级数}),$$

也可以运用线性回归方程计算 G。因为低碳钢在弹性范围内被受扭后,其切应力与切应变之间的关系仍符合线性关系。测得的扭矩 T 与扭角仪读数 H 之间也呈线性关系,其直线方程为

$$H=a+bT,$$

$$\frac{\mathrm{d}T}{\mathrm{d}H}=\frac{1}{b}\,\frac{\sum_{i=1}^{n}(T)_i^2-\frac{1}{n}\left[\sum_{i=1}^{n}(T)_i\right]^2}{\sum_{i=1}^{n}(T)_i(H)_i-\frac{1}{n}\sum_{i=1}^{n}(T)_i\sum_{i=1}^{n}(H)_i},$$

$$G=\frac{\mathrm{d}\tau}{\mathrm{d}\gamma}=\frac{\mathrm{d}\left(\frac{T}{W_{\mathrm{P}}}\right)}{\mathrm{d}\left(\frac{DH}{2SL_0K}\right)}=\frac{1}{b}\,\frac{32SL_0K}{\pi D^4}\times 9.8\times 10^3(\mathrm{MPa})。 \tag{2-24}$$

$$\gamma=\frac{n\sum_{i=1}^{n}(T)_i(H)_i-\sum_{i=1}^{n}(T)_i\sum_{i=1}^{n}(H)_i}{\sqrt{\left\{n\sum_{i=1}^{n}(T)_i^2-\left[\sum_{i=1}^{n}(T)_i\right]^2\right\}\left\{n\sum_{i=1}^{n}(H)_i^2-\left[\sum_{i=1}^{n}(H)_i\right]^2\right\}}}。 \tag{2-25}$$

式中:r 为相关系数,T 为扭矩,H 为扭角仪读数。

§ 2-5-2　电测法测切变模量 G

一、实验目的

用应变电测法测定低碳钢的切变模量 G。

二、实验设备及试样

(1) 弯扭组合实验设备。
(2) 数字电阻应变仪。
(3) 游标卡尺。
(4) 在圆截面低碳钢试样上，沿着与轴线成45°的方向，粘贴两枚应变片(见图 2-21(a))。

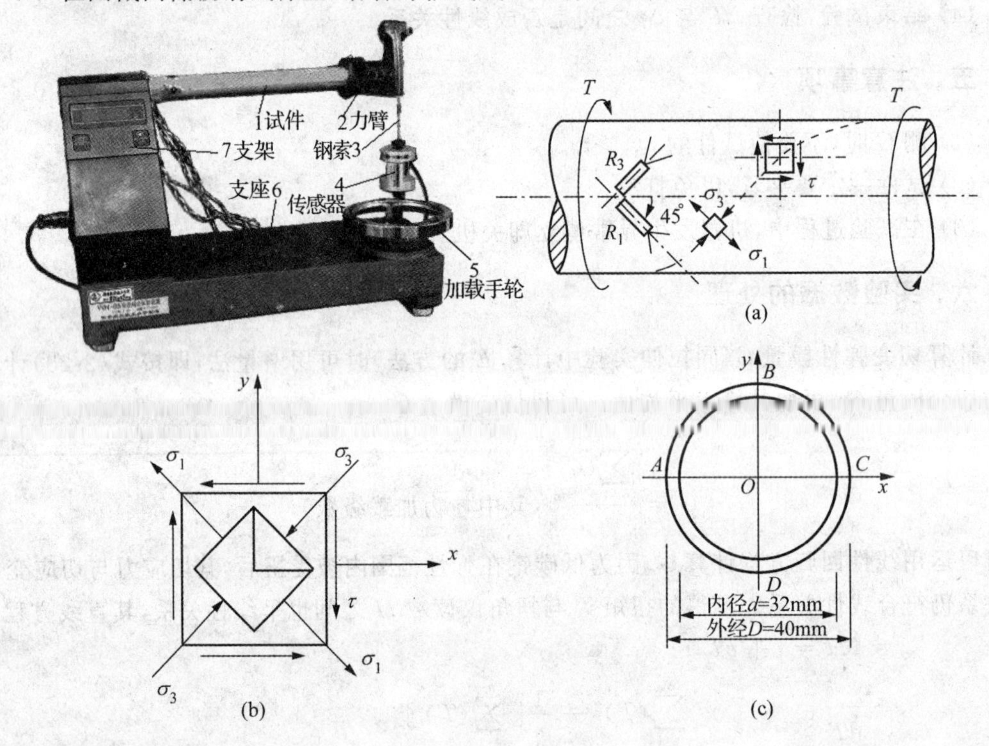

图 2-21

三、实验原理

前面已详述用扭角仪测定 G 的原理和方法，同一问题也可用电测法来完成。在剪切比例极限内，由扭转引起的切应力和切应变 γ 应服从胡克定律，即

$$\gamma = \frac{\tau}{G}。\tag{a}$$

由于 $\tau = T/W_P$，这里 T 为扭矩，$W_P = \pi D^3(1-\alpha^4)/16$(其中 $\alpha = d/D$)为薄壁圆筒的抗扭截面系数，于是式(a)可以写成

$$\gamma = \frac{T}{GW_{\mathrm{P}}}。 \tag{b}$$

因此,如能用应变仪测出 γ,利用式(b),便可确定 G。

试件 1 为薄壁圆筒,在扭转作用下引起的纯切应力状态中(见图 2-21(a)、(b)),主应力 σ_1 和 σ_3 的方向与 x 轴的夹角分别为 $-45°$ 和 $45°$,且 $\sigma_1 = -\sigma_3 = \tau$,所以,沿 σ_1 和 σ_3 方向的主应变 ε_1 和 ε_3 数值相等、符号相反。平面应变分析指出,主应变由下式计算

$$\left.\begin{matrix}\varepsilon_1\\ \varepsilon_3\end{matrix}\right\} = \frac{\varepsilon_x + \varepsilon_y}{2} \pm \sqrt{\left(\frac{\varepsilon_x - \varepsilon_y}{2}\right)^2 + \left(\frac{\gamma_{xy}}{2}\right)^2},$$

对纯剪切单元体,$\varepsilon_x = \varepsilon_y = 0$,$\gamma_{xy} = \gamma$,于是由上式得

$$\gamma = 2\varepsilon_1, \tag{c}$$

因应变片 R_1 和 R_3 沿着与轴线(x 轴)成 $-45°$ 和 $45°$ 的方向粘贴,它们的方向也就是主应变 ε_1 和 ε_3 的方向。如图 2-22 把应变片 R_1 和 R_3 组成测量电桥的半桥,则因 R_1 的应变为 $\varepsilon_{-45°} = \varepsilon_1$,$R_3$ 的应变为 $\varepsilon_{45°} = \varepsilon_3 = -\varepsilon_1$,于是应变仪的读数(见 § 5-5)

$$\varepsilon_{\mathrm{ds}} = \varepsilon_1 - \varepsilon_3 = \varepsilon_{-45°} - \varepsilon_{45°} = 2\varepsilon_1, \tag{d}$$

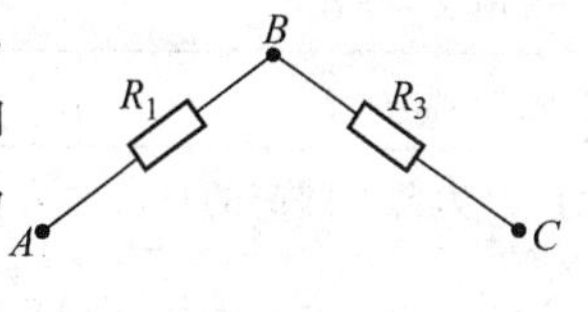

图 2-22

比较式(c)和式(d),得

$$\varepsilon_{\mathrm{ds}} = 2\varepsilon_1 = \gamma, \tag{e}$$

可见,应变仪的读数 $\varepsilon_{\mathrm{ds}}$ 即为切应变 γ。

估算出比例极限内扭矩的最高允许值 T_n 和初扭矩 T_0。从 T_0 到 T_n,把载荷分成 n 个等级,每级扭矩增量

$$\Delta T = \frac{T_n - T_0}{n}, \tag{f}$$

实验时逐级等量加载($\Delta T = \Delta FL$、取每级载荷 $\Delta F = 100\mathrm{N}$)。加载过程中,对每一扭矩 T_i 都可以测出对应的 γ_i(亦即应变仪的读数 $\varepsilon_{\mathrm{ds}}$)。实验重复三次,选择一组数据 T_i、γ_i,将它们拟合为直线,直线的斜率

$$m = \frac{\sum T_i \sum \gamma_i - n \sum T_i \gamma_i}{(\sum T_i)^2 - n \sum T_i^2}。$$

另一方面,由式(b)表示的胡克定律表明 T 与 γ 的关系是斜率为 $1/(GW_{\mathrm{P}})$ 的直线,令 $m = 1/GW_{\mathrm{P}}$,即可求出

$$G = \frac{(\sum T_i)^2 - n \sum T_i^2}{\sum T_i \sum \gamma_i - n \sum T_i \gamma_i} \cdot \frac{1}{W_{\mathrm{P}}}。 \tag{2-26}$$

四、实验步骤

(1) 在离薄壁圆筒试件自由端 $l = 270$ 或 300mm 处粘贴的应变花,用 A 点或者 C 点两点 $45°$ 和 $-45°$ 方向的应变片 R_1 和 R_2 组成测量半桥接入惠斯顿电桥上,并将应变仪预调平衡。

(2) 薄壁圆试件截面外径为 40mm,内径为 32mm,用以计算。

(3) 先加载荷 $F_0 = 100\mathrm{N}$($T_0 = 100L$)后,将应变仪连接的测量通道调零。再均匀、缓慢地逐级加载,对每增加一个载荷 F_i($\Delta F = 100\mathrm{N}$),记录下应变仪相应的读数 $\varepsilon_{\mathrm{ds}i}$($\varepsilon_{\mathrm{ds}i}$ 即为 γ_i),直至载

荷增到 $F_n=600\text{N}$ 后卸载。加载重复进行三次。

(4) 试验完毕,卸载并清理现场。

五、实验报告

(1) 实验报告:实验目的、实验设备和仪器、实验原理、实验步骤、实验数据处理。

(2) 实验原理:画出电桥接线图,确定和推导出理论公式和实测公式。

(3) 实验数据处理:用线性拟合法或平均法进行计算。

(4) 记录实验数据表格。

载荷 F	100N	200N	300N	400N	500N
扭矩 $T=FL$					
应变 ε_{ds}					

注:L 为薄壁圆筒的自由端力臂长度为 200mm。

§2-5-3　自动检测切变模量 G

一、实验目的

测定钢材的切变模量 G。

二、实验设备、仪器

(1) 测 G 装置

(2) 位移传感器。

(3) 计算机。

三、实验原理及方法

如图 2-23 所示试件受力及仪表安装。试件 1 的一端固定,另一端用轴承 6 支承,逐级加载是用砝码 8 通过加力杆 7,使试件受扭矩,通过测力杆 3、5 两端 B_1、B_2 处的位移传感器 2、4,测量试件 1 上两截面 E、F 之间的相对转角 ϕ 直接输入计算机进行数据处理。

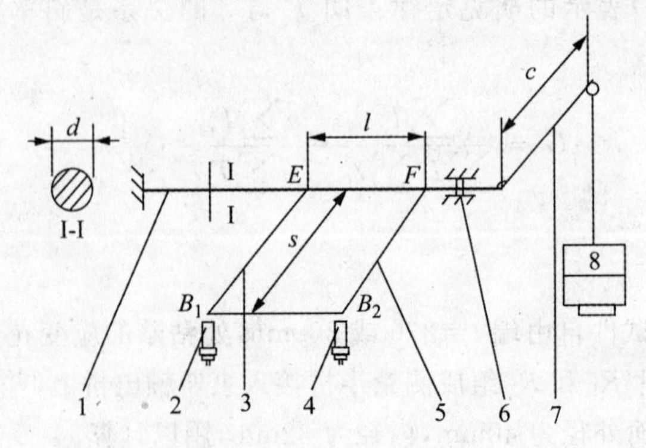

图 2-23

四、实验步骤

(1) 按要求将试件,位移传感器探头装在相应的卡具中,并记下有关数据 l、d、s。
(2) 按计算机内提示要求调整传感器探头。
(3) 用砝码 8 进行加载,按计算机内提示要求进行实验。
(4) 实验数据的处理和实验报告,也可以在计算机上编程操作。

五、思考题

(1) 根据低碳钢和铸铁的拉伸、压缩和扭转三种试验结果,分析总结材料的机械性质。
(2) 低碳钢拉伸屈服极限和剪切屈服极限有何关系?

§2-6 条件屈服强度的测定

工程实际中使用的许多材料,如某些合金钢、铝合金、铜合金等,往往具有较好的塑性,但没有明显的屈服现象,其拉伸曲线是光滑连续的。对于没有明显屈服现象的塑性材料,GB228/T—2002中定义了规定非比例伸长应力 $\sigma_{p\varepsilon}$和规定残留伸长应力 $\sigma_{r\varepsilon}$。规定非比例伸长应力 $\sigma_{p\varepsilon}$是指试样标距部分的非比例伸长达到原始标距某个百分比的应力。规定残留伸长应力 $\sigma_{r\varepsilon}$是指试样标距部分的残留伸长达到原始标距的某个规定值时的应力。常用的有 $\sigma_{p0.2}$、$\sigma_{r0.2}$等。前者表示试件标距部分的非比例伸长达到原始标距 0.2%时的应力,后者表示标距部分产生原始标距 0.2%的残留伸长时的应力。$\sigma_{p0.2}$和 $\sigma_{r0.2}$的定义不同,但一般材料的 $\sigma_{p0.2}$和 $\sigma_{r0.2}$的数值基本相同,只要测试其中的一个即可。当要求测条件屈服强度 $\sigma_{0.2}$而无明确说明时,两种方法均可使用。实验时,前者无需卸载,而后者必须经过卸载才能得到。

一、实验目的

(1) 用绘图法测定给定材料的弹性模量 E 和条件屈服强度 $\sigma_{0.2}$($\sigma_{p0.2}$或 $\sigma_{r0.2}$)。
(2) 学习测 $\sigma_{0.2}$的方法。
(3) 学习试验机和相关仪器的操作使用。

二、实验设备和试样

(1) 电子万能试验机。
(2) 应变式引伸仪。
(3) x-y 记录仪(电子万能试验机含自动测量系统时可省略)。
(4) 游标卡尺。
(5) 拉伸试样(见图 2-1)。

三、实验原理和方法

1. $\sigma_{p0.2}$的测定

一般采用图解法来测定 $\sigma_{p0.2}$值,同时可兼测拉伸弹性模量。图解法必须要有高精度的引伸仪、力传感器和高灵敏度跟踪记录系统,以便准确地测量试件所承受的载荷和对应的变形量。

图解法是利用实验记录的力和变形曲线，即 F-Δl 曲线，根据 $\sigma_{p0.2}$的定义在曲线上直接测定的实验方法。

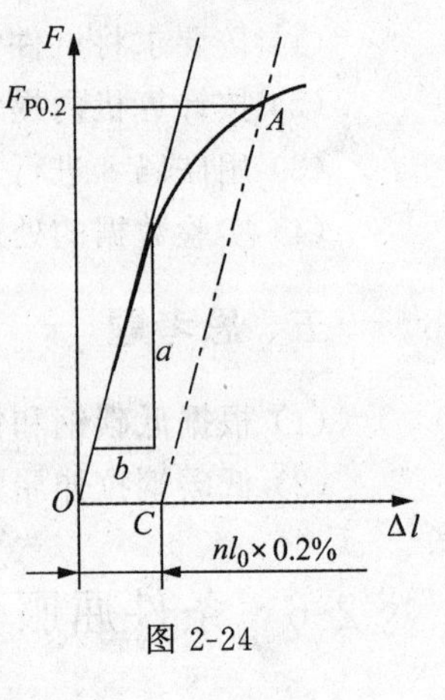

图 2-24

测 $\sigma_{p0.2}$的曲线如图 2-24 所示，自弹性直线段与横轴交点 O 起，截取相应于规定非比例伸长的 OC 段（$OC=nl_0\times0.2\%$，n 为变形量的放大系数，l_0 为初始标距），过 C 作弹性直线段的平行线 CA 交曲线于 A 点，A 点所对应的力 $F_{p0.2}$为所规定的非比例伸长力，规定非比例伸长应力按下式计算。

$$\sigma_{p0.2}=F_{p0.2}/A_0。\tag{2-27}$$

如果材料的试验曲线无明显弹性直线段，则很难准确地测定相应的非比例伸长力，那么可以用滞后环法或逐步逼近法测定 $\sigma_{p0.2}$值。仲裁实验一般采用滞后环法。使用时请查阅国标 GB/T228—2002。

2. $\sigma_{r0.2}$的测定

$\sigma_{r0.2}$是在卸载条件下测定的，实验过程比较麻烦，目前国内外已很少采用，这里不再叙述，必要时可查阅 GB/T228—2002。

3. 实验方法

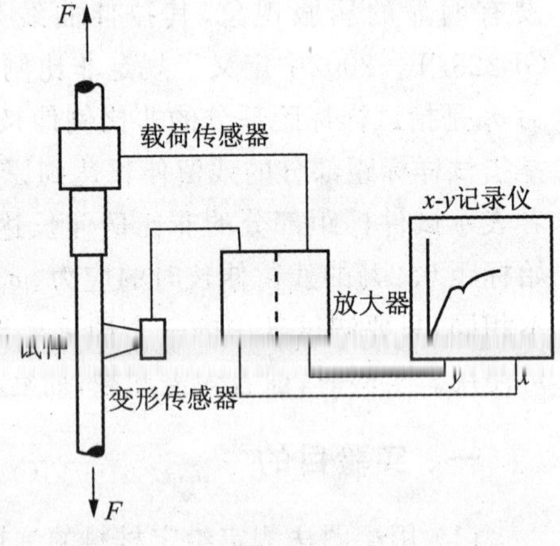

图 2-25

实验一般在电子万能试验机上进行，测试系统由传感器（力传感器和变形传感器）、信号放大和自动绘图记录三部分组成，如图 2-25 所示。力传感器固定在实验机上与试样串联，变形传感器为轴向电子引伸计。试样受力变形，力传感器和电子引伸计的桥路有电压输出，而且电压大小与外加载荷和试样变形成正比。传感器输出的电压信号经过放大器或动态应变仪放大后驱动 x-y 记录仪的记录笔运动（或由电子万能试验机的自动测量系统采集处理），绘制出 F-Δl 曲线。

记录曲线应有足够的放大倍数，才能满足实验精度要求。采用 x-y 记录仪等设备时应调节比例，先要估算实验时的最大载荷 F_{max}和最大变形量 Δl_{max}，要求力轴最大值至少占到图幅的一半以上，对应 0.2%应变的变形量 $\Delta l_{0.2}$，在图上要求大于 5mm。电子万能试验机、动态应变仪和 x-y 记录仪都有衰减系数供选择，组合调节衰减系数，就可得到理想的记录曲线。一般测定的曲线直线段斜率为 45°左右，测 $\sigma_{0.2}$的曲线直线段斜率为 60°左右。

实验得到的记录曲线，只有知道了标定系数，把记录图上的长度转换成实际的力和变形，才能计算出所要的结果。标定载荷时，旋转调零电位器给定一个力值，记录笔沿 y 方向移动一个距离，从而找出标定系数。例如，把载荷从 0 变到 10kN，记录笔沿 y 方向走了 40mm，则载荷的比例系数为 250N/mm。变形传感器的标定是通过变形标定器提供标准变形量来进行的。标定时，把引伸仪的两夹持臂分别固定在标定器的固定头和活动头之间，旋转标定器手轮使其张开给引伸仪标准变形量。例如，标定器张开 1mm，记录仪沿 x 方向走 50mm，则变形比例系数为 0.02mm/mm。有了比例系数，记录曲线上任意点的载荷和位移均可得到。

四、实验步骤

(1) 测量试件尺寸,方法可参阅§2-1。
(2) 选择载荷量程,并标定载荷比例系数。
(3) 选择合适的引伸仪,并标定变形比例系数。
(4) 安装试样,并在规定标距上装夹引伸仪。
(5) 预做实验,在弹性范围内加一定量载荷,检查比例合适后卸载。
(6) 开始加载正式记录 F-Δl 曲线,直到所要的变形量时即可停机。
(7) 卸载,取下引伸计和试样。
(8) 重新标定载荷和变形,确定比例系数。
(9) 关机,取下记录图样,完成实验报告。

五、实验结果处理

整理实验曲线,修正坐标原点;用图解法确定非比例伸长力 $F_{p0.2}$。整理力和变形标定数据,求出标定系数,计算出材料的弹性模量 E 和非比例伸长应力 $\sigma_{p0.2}$值。

六、注意事项

(1) 预习本节实验内容和工程力学的相关内容。
(2) 了解载荷传感器、引伸仪和标定器的结构原理。
(3) 了解电子万能试验机的工作原理和操作方法。
(4) 草拟实验步骤,列出记录数据表格。

七、思考题

(1) σ_s、$\sigma_{p0.2}$和 $\sigma_{r0.2}$分别是如何定义的?三者有什么区别?
(2) 记录 F-Δl 曲线时,假如 $F_0 \neq 0$,那么对 $\sigma_{p0.2}$的测试有无影响?
(3) 引伸计是如何标定的?

§2-7　纯弯曲实验

一、实验目的和可实现课题

1. 实验目的
(1) 学习应力应变电测法的原理及测试技术。
(2) 测定矩形梁受纯弯作用时,截面上主应力的大小及分布规律。
(3) 与理论计算结果进行比较,以验证弯曲主应力公式。
2. 可实现课题
(1) 测量纯弯曲部分任意截面各点的主应力,并与理论值比较。
(2) 测量材料的泊松比 μ。
(3) 验证弯曲主应力公式。

二、实验设备和仪器

（1）简易加载装置。

（2）电阻应变仪。

（3）矩型截面钢梁。

三、实验原理及方法

纯弯曲梁试验装置(如图 2-26(b)所示)。它由矩形弯曲梁 1，铸造架 2，支座 3，加载螺杆系统，力传感器 6 和电子称(数字测力仪)10 等组成。根据工程力学中弯曲梁的平面假设，沿着梁横截面高度的主应力分布规律应当是线性的。为了验证这一假设，我们对梁进行如图 2-26(a)所示的加载方式。使梁加载后的 AB 段处于纯弯状态。在此段内的任意截面上粘贴 7 个电阻应

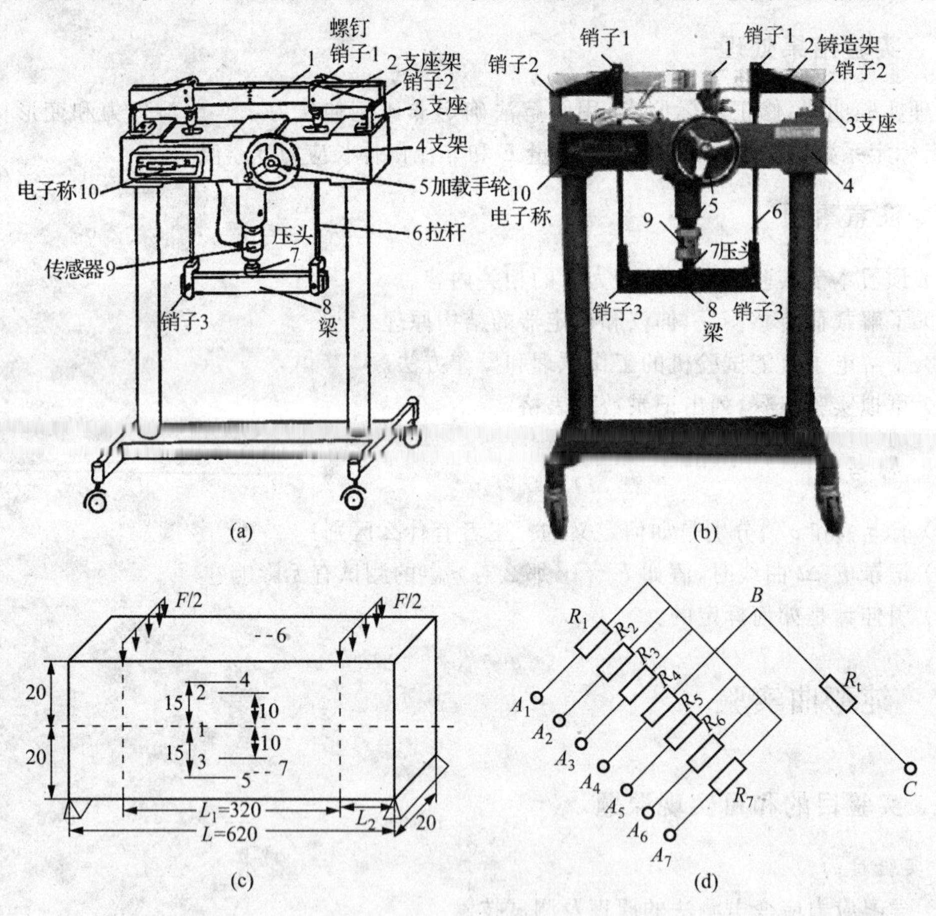

图 2-26

变片，见图 2-26(c)。1#片在中性层处，2#、3#、4#、5#、6#、7#离中性层的距离在图中已标出。由理论公式：

$$\sigma=\frac{M}{I_z}y,\ \varepsilon=\frac{M}{I_z\cdot E}y。 \quad (2\text{-}28)$$

可知,梁内正应力及梁表面之应变值均与测点到中性层的距离 y 成比,并可计算得出梁处于纯弯段的主应力分布情况。用试验可以验证理论公式(2-28)。测试时,在测量桥上形成若干个公共补偿的半桥(如图 2-26(d)所示),温度补偿片应放置在弯曲梁的附近,使温度补偿片与工作片处于同一均匀温度场中。各点桥路调节平衡后,采取逐级加载法,在各级载荷下,测出各点的应变值 $\varepsilon_{实}$。此时,由于纤维之间不互相挤压。通过各测点的应变值根据胡克定律计算出实测的应力,即

$$\sigma_{实} = E \cdot \varepsilon_{实} \tag{2-29}$$

显然,试验应在材料的弹性范围内进行,试验载荷不得超过允许载荷。实验采用逐级加载法。估算最大载荷 F_{max}时,使它对应的最大弯曲正应力为屈服极限的 σ_s 的(0.7~0.8),即

$$F_{max} \leqslant (0.7 \sim 0.8)\frac{bh^2}{6L_2}\sigma_s。$$

选取初载荷 $F_0 \approx 0.1F_{max}$。由 F_0 至 F_{max}可分成四级或五级加载,每级增量即为 ΔF。试验时采用逐级加载法来检验试验结果的线性度。一般等量加载 5~6 次,每次加载后,梁将受到弯距增量 ΔM 作用,对应测点的应力增量 $\Delta\sigma_i = \dfrac{\Delta M_i \cdot y}{I_z}$。每次加载后均读数并记录应变值 ε_i,则有 $\Delta\varepsilon_i = \varepsilon_i - \varepsilon_{i-1}$,将其代入式 $\Delta\sigma_{实} = \dfrac{E \cdot \sum\limits_{i=1}^{n}\Delta\varepsilon_i}{n}$得实验值($n$ 为加载次数)。或根据 ε_i-M_i 测试数据,作线性回归,然后由回归方程求出 ΔM 作用下的实际应变值 $\Delta\varepsilon$ 实验值,则 $\Delta\sigma_{实} = E \cdot \Delta\varepsilon$。最后将所得的实验值与理论值进行比较。

四、实验步骤

(1) 将各仪器连接好。

(2) 将梁上各测点的电阻应变片依次牢固地连接到电阻应变仪上。采用单臂半桥,公共补偿法组成测量桥。

(3) 应变仪预热。

(4) 逐点调节各测点桥路平衡。

(5) 逐级加载测出相应各测点的应变读数并记录。

(6) 试验结果,卸载,切断仪器电源,各旋钮复位,拆去接线,清理现场。

五、思考题

(1) 试分析造成实验误差的原因。

(2) 采用多点公共温度补偿方法有何优缺点?

(3) 矩形截面梁纯弯曲实验时,如变换梁的材料,其他条件不变,所测正应力有无变化?为什么?

(4) 电测法测定矩形截面梁的弯曲正应力时,若仅须测量上下表面的正应力,能否不使用温度补偿片? 如可以,试叙述其方法(画出测试简图)。

六、整理实验报告

表 2-6 为实验数据记录及计算结果列表,供同学参考。

表 2-6　实验数据记录及计算结果

应变 载荷/N	1		2		3		4		5		6		7	
	ε	Δε	ε	Δε	ε	Δε	ε	Δε	ε	Δε	ε	Δε	ε	Δε
① 线性回归值 $F=$　　N														
② 增量值 $\Delta\bar{\varepsilon}$														
实测值 $\sigma_{实}$														
理论值 $\sigma_{理}$														
相对误差	—													

【附】　测量电桥的几种接法

构件变形	需测应变 ε	应变片粘贴位置	电桥接法	应变仪读数 ε_{ds} 与需测应变 ε 的关系	备　注
弯曲	弯曲	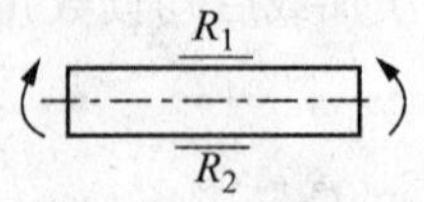	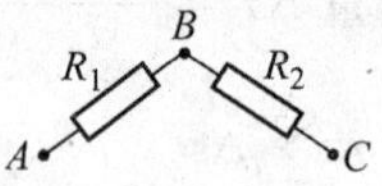	$\varepsilon_{ds}=2\varepsilon$	R_1 和 R_2 皆为工作片
		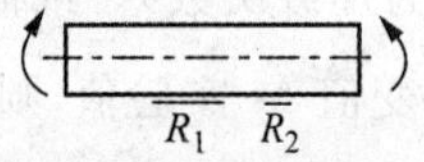	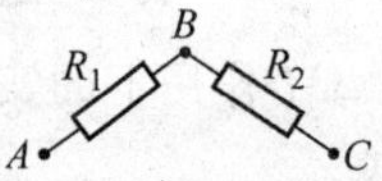	$\varepsilon_{ds}=(1+\mu)\varepsilon$	R_1 为工作片，R_2 为垂直于 R_1 的补偿片
扭转	扭转主应变		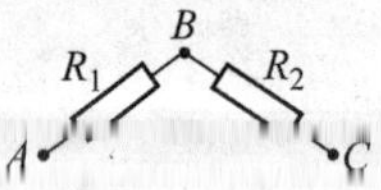	$\varepsilon_{ds}=2\varepsilon$	R_1 和 R_2 皆为工作片
拉(压)弯组合	弯曲	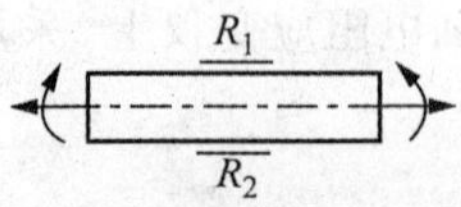	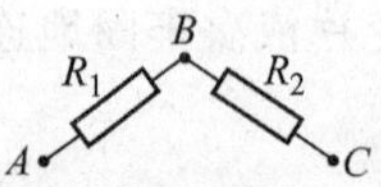	$\varepsilon_{ds}=2\varepsilon$	R_1 和 R_2 皆为工作片
拉(压)扭组合	扭转主应变	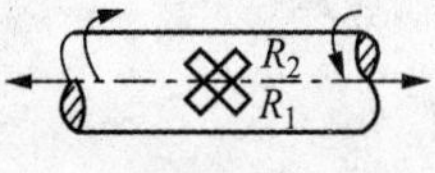	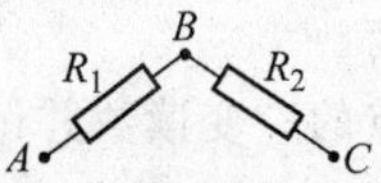	$\varepsilon_{ds}=2\varepsilon$	R_1 和 R_2 皆为工作片
	拉(压)	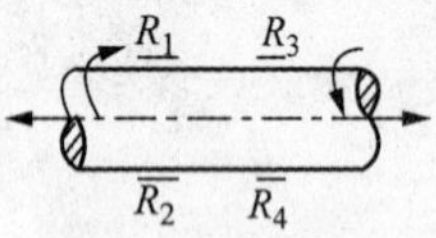	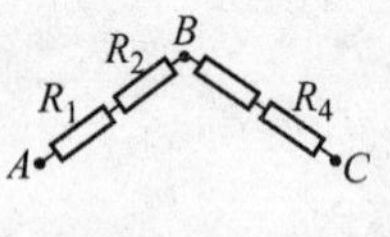	$\varepsilon_{ds}=(1+\mu)\varepsilon$	R_1、R_2、R_3、R_4 皆为工作片
扭弯组合	扭转主应变	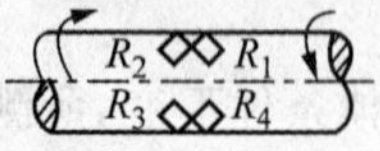	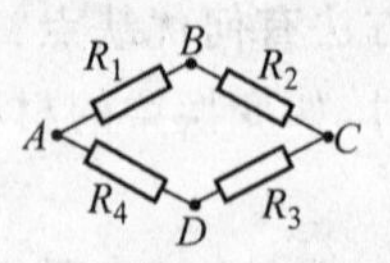	$\varepsilon_{ds}=4\varepsilon$	R_1、R_2、R_3、R_4 皆为工作片，方向与轴线成 45°
	弯曲	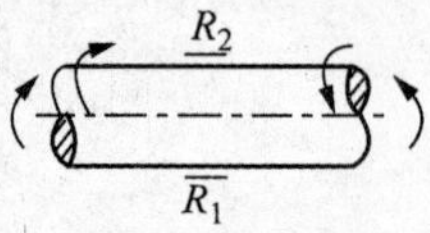	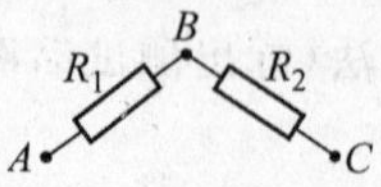	$\varepsilon_{ds}=2\varepsilon$	R_1 和 R_2 皆为工作片

§2-8 压杆稳定实验

横截面和材料相同的压杆，由于杆的长度不同，其抵抗外力的性质将发生根本的改变。短粗的压杆是强度问题；而细长压杆是稳定问题。细长杆的承载能力远低于短粗压杆，因此研究压杆的稳定性极为重要。

按欧拉小挠度理论，对于理想大挠度压杆($\lambda \geqslant \lambda_c$)，当轴向压力达到临界值 F_{cr}时，压杆即丧失稳定，F_{cr}称为压杆的临界载荷或欧拉载荷。

一、实验目的和可实现课题

1. 实验目的

(1) 观察细长杆件在轴向压力作用下的失稳现象。

(2) 验证欧拉公式。

2. 可实现课题

(1) 测定欧拉临界力、杆件柔度(长细比)。

(2) 验证临界力计算公式：

$$F_{cr} = \frac{\pi^2 EI_{min}}{(\mu l)^2}。 \tag{2-30}$$

二、实验设备

(1) 拉压实验装置。

(2) YJ-4501A 静态数字电阻应变仪。

(3) 矩形截面试件(弹簧钢制成的细长杆)。

三、实验原理及实验方法

1. 实验装置

拉压实验装置见图 2-27，它由座体 1、蜗轮加载系统 2、支承框架 3、活动横梁 4、传感器 5 和测力仪 6、上下支承座等组成。将压杆试件安装在上下支承座之间。(可根据试验要求安装相应的支承形式的支承座)。采用薄钢片作为压杆试件。

2. 实验原理

对理想压杆，当压力 F 小于临界压力 F_{cr}时，压杆的直线平衡是稳定的。即使因微小的横向干扰力暂时发生微弯曲，干扰力解除后，仍将恢复直线形状。这时，压力 F 与中点位移 δ 的关系相当于图 2-28 中的直线 OA。

当压力到达临界压力 F_{cr}时，压杆的直线平衡变为不稳定，它可能转变为曲线平衡。按照小挠度理论，F 与 δ 的关系相当于图 2-28 中的水平线 AB。两端铰支细长压杆的临界压力由下列欧拉公式计算

$$F_{cr} = \frac{\pi^2 EI}{l^2}。 \tag{2-31}$$

式中：I 为横截面对 z 轴的惯性矩。

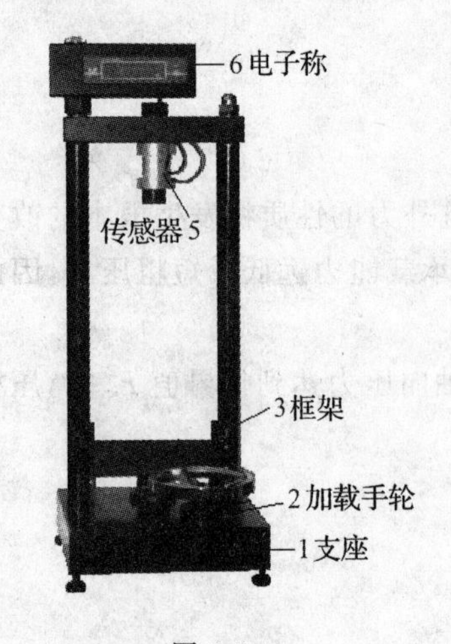

图 2-27

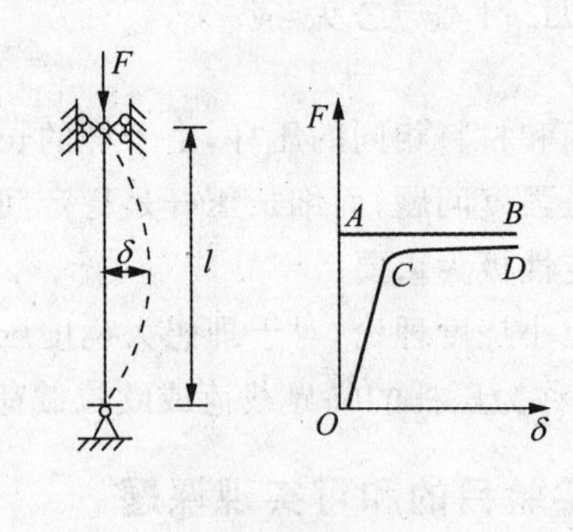

图 2-28

当压力 F 大于临界压力 F_{cr}时，杆的弯曲变形显著增大，最后甚至破坏。

工程实际中，失稳破坏往往是突然发生的，危害性很大，因此压杆的稳定计算十分必要，而且对压杆的失稳现象应有足够的认识。用载荷 F 和压杆中点挠度 δ 建立坐标，失稳过程理论上可用两段直线 OA 与 AB 来描述(见图 2-28)。

实际压杆难免有初弯曲、材料不均匀和压力偏心等缺陷，由于这些缺陷，压杆受力开始即出现横向挠度，随着载荷的增加，挠度不断增加，致使 F-δ 曲线 OA 段发生倾斜，如图 2-28 中 OC 曲线。当压杆开始失稳时，F-δ 曲线突然变弯，如图 2-28 中 CD 曲线，即载荷增长极慢而挠度 δ 急剧增加。与此同时，由于实际压杆存在上述缺陷，在 F 远小于 F_{cr}，δ 将急剧增大。工程中的压杆一般都在小挠度下工作，δ 的急剧加大，将引起塑性变形，甚至破坏。只有弹性很好的细长杆才可以承受大挠度，压力才可能略微超过 F_{cr}。

实际曲线 OCD 与理论曲线 OAB 之间会产生偏离。实际曲线的水平渐近线即代表压杆的临界压力 F_{cr}。

为了绘制稳定图(轴向力 F 与横向变形 δ 的关系曲线)，在试验装置上安装压杆试件(见图 2-29(a))。在试件中点处两侧沿轴线方向各贴一电阻应变片 R_1 和 R_2(见图 2-29(b))，组成测量电桥如图 2-29(c))，通过电阻应变仪采集该点的变形读数。当试件在轴向压力 F 作用下变形时，将各次压力 F 和对应点的变形读数 ε_{ds}记录下来。杆件中点的主应力

$$\sigma = \frac{M \cdot y}{I_{\min}} = E\varepsilon$$

即

$$\frac{F \cdot \delta \cdot (a/2)}{I_{\min}} = \frac{E\varepsilon_{ds}}{2}$$

则

$$\delta = \frac{E \cdot I_{\min}}{F \cdot a}\varepsilon_{ds} \tag{2-32}$$

最后，根据这些读数和实测公式 2-32 进行数据处理即可求得稳定图(F-δ 曲线)。

四、实验步骤

(1) 按要求将试件安装在上下支承座中。测量试件尺寸并记下有关数据 l，a，b(试件宽

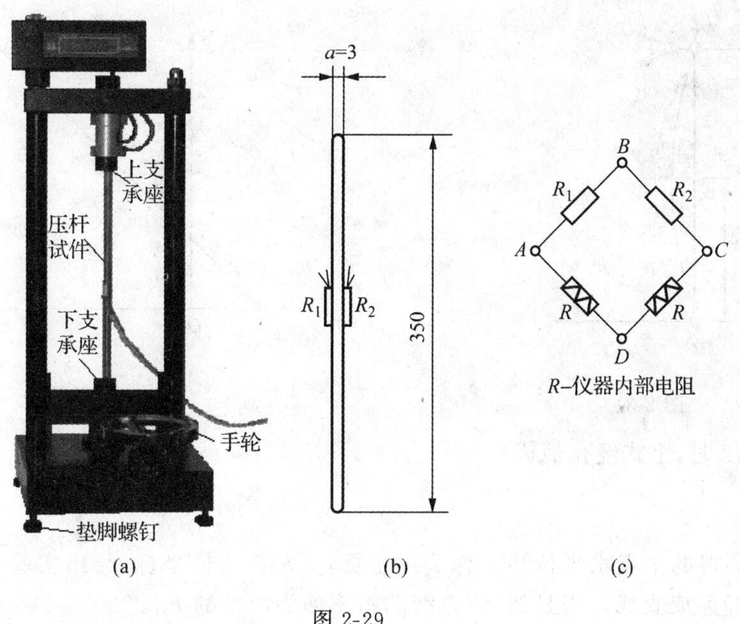

图 2-29

度)和 E(试件材料的弹性系数)。

(2) 根据惠斯顿电桥原理,将应变片连接在电阻应变仪上。

(3) 采取分段逐渐加载法,并记录数据(可参考下列表格)。

载荷 F/kN	0.2	0.4	0.6	0.62	0.64	0.68	0.70	0.72	0.74
应变 ε_{ds}									

(4) 绘制 F-δ 曲线或 F-ε_{ds}曲线,并通过渐近线求得实测的临界力。

注意:为了保证试件和试件上所贴的电阻应变片不损坏,应变读数 ε_{ds}控制在 $1500\mu\varepsilon$ 以内。

五、实验结果处理

根据记录的各次读数,按一定比例尺绘在坐标纸上(轴向力 F 为纵坐标,应变读数 ε_{ds}为横坐标)而得到一系列实验点。将这些点连接起来,即为所求得的稳定图(见图 2-30)。很显然,图中曲线 CD 的渐近线 AB 与纵坐标交点的坐标值即为所求的临界力 F_{cr}。

图 2-30

【附】

这里介绍一种无需加太大轴向力 $F(<F_{cr})$求 F_{cr}的实验方法。其原理是:设压杆的初曲率方程为

$$y_0 = a\sin\frac{\pi x}{l}。$$

在轴向力 F 作用下,弯曲成虚线位置(见图 2-31)。这时弯矩

$$M_x = P(y_0 + y) = -EIy'',$$

上式的解

$$y = \frac{\alpha}{1-\alpha}a\cdot\sin\frac{\pi x}{l}\quad\left[\alpha = \frac{F}{F_{cr}};\ F_{cr} = \frac{EI_{min}}{l^2}\right]。$$

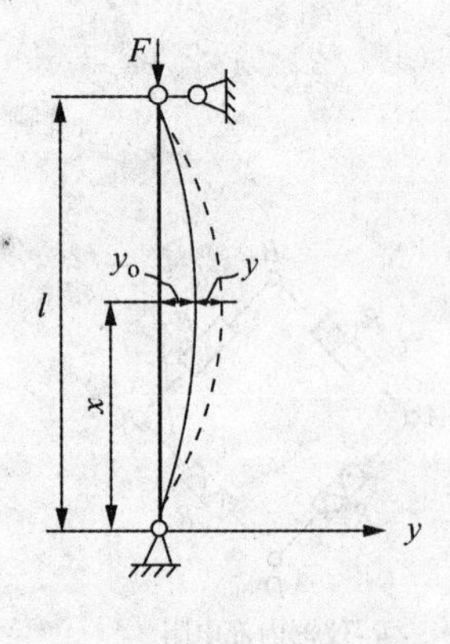

图 2-31

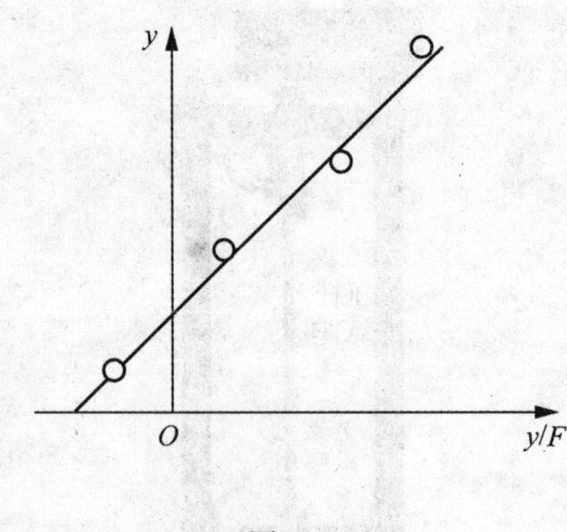

图 2-32

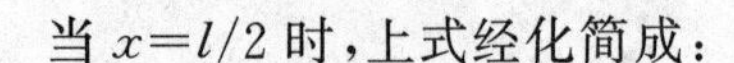

当 $x=l/2$ 时，上式经化简成：

$$\frac{y}{F}F_{\mathrm{cr}}-y=a。$$

将每次测得的中点水平位移 y 作为纵坐标，y/F 作为横坐标，绘出实验点，通过这些实验点（见图 2-32）连成直线。很显然，该直线的斜率即为所求的 F_{cr}。

§2-9　光弹性实验

光弹性测试方法是光学与力学紧密结合的一种测试技术。它采用具有暂时双折射性能的透明材料，制成与构件形状几何相似的模型，使其承受与原构件相似的载荷。将此模型置于偏振光场中，模型上即显出与应力有关的干涉条纹图。通过分析计算即可得知模型内部及表面各点的应力大小和方向。再依照模型相似原理就可以换算成真实构件上的应力。光弹性测试方法的特点是直观性强，可靠性高，能直接观察到构件的全场应力分布情况。特别是对于解决复杂构件、复杂载荷下的应力测量问题，以及确定构件的应力集中部位，测量应力集中系数等问题，光弹性法测试方法更显得有效。

一、实验目的和可实现课题

1. 实验目的

(1) 了解光弹性实验的基本原理和方法，认识偏光弹性仪。

(2) 观察模型受力时的条纹图案，识别等差线和等倾线，了解主应力差和条纹值的测量。

2. 可实现课题

(1) 在复杂构件、复杂载荷下，确定构件的应力分布情况和应力集中部位。

(2) 测量应力集中系数。

二、实验设备及仪器

(1) 由环氧树脂或聚碳酸脂制作的试件模型一套。

(2) 偏光弹性仪。

三、实验原理

1. 明场和暗场

由光源S、起偏镜P和检偏镜A就可组成一个简单的平面偏振光场。起偏镜P和检偏镜A均为偏振片，各有一个偏振轴(简称为P轴和A轴)。如果P轴与A轴平行，由起偏镜P产生的偏振光可以全部通过检偏镜A，将形成一个全亮的光场，简称为亮场(见图2-33(a))。如果P轴与A轴垂直，由起偏镜P产生的偏振光全部不能通过检偏镜A，将形成一个全暗的光场，简称为暗场(见图2-33(b))。亮场和暗场是光弹性测试中的基本光场。

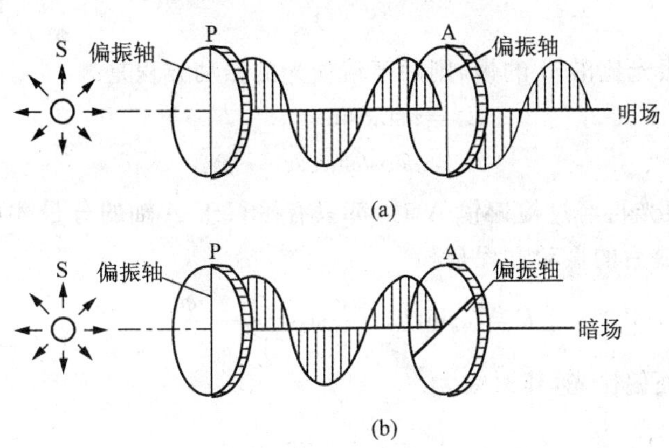

图2-33

2. 应力-光学定律

当由光弹性材料制成的模型放在偏振光场中时，如模型不受力，光线通过模型后将不发生改变；如模型受力，将产生暂时双折射现象，即入射光线通过模型后将沿两个主应力方向分解为两束相互垂直的偏振光(见图2-34)，这两束光射出模型后将产生一光程差δ。实验证明，光

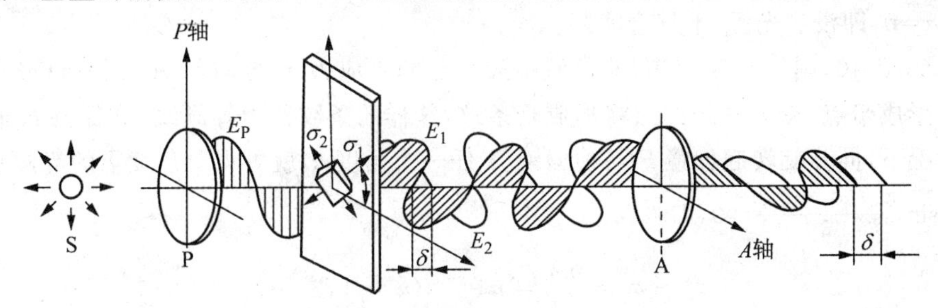

图2-34

程差δ与主应力差值$(\sigma_1-\sigma_2)$和模型厚度t成正比，即

$$\delta = Ct(\sigma_1 - \sigma_2)。 \tag{2-33}$$

式中：C为模型材料的光学常数，与材料和光波波长有关。

式(2-33)称为应力-光学定律，是光弹性实验的基础。两束光通过检偏镜后将合成在一个平面振动，形成干涉条纹。如果光源用白色光，看到的是彩色干涉条纹；如果光源用单色光，看到的是明暗相间的干涉条纹。

3. 等倾线和等差线

从光源发出的单色光经起偏镜P后成为平面偏振光，其波动方程为

$$E_P = a\sin\omega t。$$

式中：a为振幅；t为时间；ω为光波角速度。

E_P 传播到受力模型上后被分解为沿两个主应力方向振动的两束平面偏振光 E_1 和 E_2，如图 2-34 所示。设 θ 为主应力 σ_1 与 A 轴的夹角，这两束平面偏振光的振幅分别为

$$a_1 = a\sin\theta,\ a_2 = a\cos\theta。$$

一般情况下，主应力 $\sigma_1 \neq \sigma_2$，故 E_1 和 E_2 会有一个角程差

$$\varphi = \frac{2\pi}{\lambda}。 \tag{2-34}$$

假如沿 σ_2 的偏振光比沿 σ_1 的慢，则两束偏振光的振动方程是

$$E_1 = a\sin\theta\sin\omega t,$$

$$E_2 = a\cos\theta\sin(\omega t - \varphi)。$$

当上述两束偏振光再经过检偏镜 A 时，都只有平行于 A 轴的分量才可以通过，这两个分量在同一平面内，合成后的振动方程是

$$E = a\sin 2\theta\sin\frac{\varphi}{2}\cos(\omega t - \frac{\varphi}{2})。$$

式中：E 仍为一个平面偏振光，其振幅为：

$$A_0 = a\sin 2\theta\sin\frac{\varphi}{2},$$

根据光学原理，偏振光的强度与振幅 A_0 的平方成正比，即

$$I = Ka^2\sin^2 2\theta\sin^2\frac{\varphi}{2}。 \tag{2-35}$$

由式(2-35)可以看出，光强 I 与主应力的方向和主应力差有关。为使两束光波发生干涉，相互抵消，必须 $I=0$。所以

(1) $a=0$，即没有光源，不符合实际。

(2) $\sin 2\theta=0$，则 $\theta=0°$ 或 $90°$，即模型中某一点的主应力 σ_1 方向与 A 轴平行(或垂直)时，在屏幕上形成暗点。众多这样的点将形成暗条纹，这样的条纹称为等倾线。在保持 P 轴和 A 轴垂直的情况下，同步旋转起偏镜 P 与检偏镜 A 任一个角度 α，就可得 α 角度下的等倾线。

(3) $\sin\frac{\pi Ct(\sigma_1 - \sigma_2)}{\lambda} \doteq 0$，即

$$\sigma_1 - \sigma_2 = \frac{n\lambda}{Ct} = n\frac{f_\sigma}{t} \quad (n = 1, 2, \cdots)。 \tag{2-36}$$

式中：f_σ 为模型材料的条纹值。满足上式的众多点也将形成暗条纹，该条纹上的各点的主应力之差相同，故称这样的暗条纹为等差线。随着 n 的取值不同，可以分为 0 级等差线、1 级等差线、2 级等差线……。

综上所述，等倾线给出模型上各点主应力的方向，而等差线可以确定模型上各点主应力的差($\sigma_1 - \sigma_2$)。但对于单色光源而言，等倾线和等差线均为暗条纹，难免相互混淆。为此，在起偏镜 P 后面和检偏镜前面分别加入 1/4 波片 Q_1 和 Q_2(见图 2-35)，得到一个圆偏振光场，最后在屏幕上只出现等差线而无等倾线。有关圆偏振光场，这里不作详述，读者可参阅有关专著。

四、演示实验

1. 用对径受压圆盘测材料的条纹值

对于图 2-36(a)所示的对经受压圆盘，由弹性力学可知，圆心处的主应力为

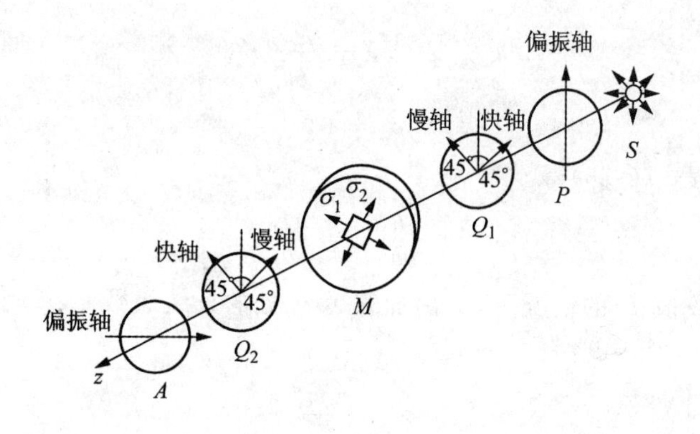

图 2-35

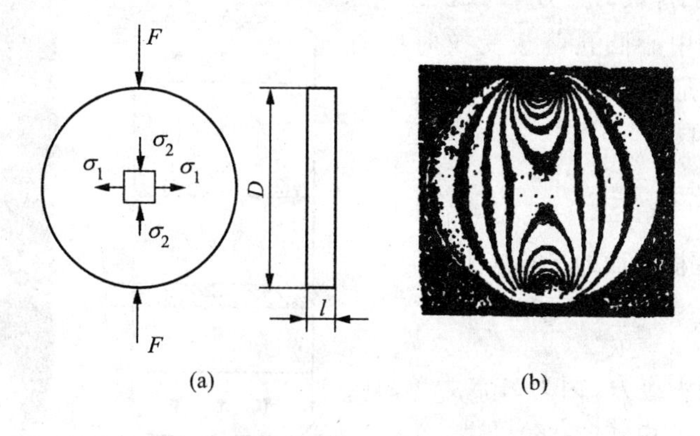

图 2-36

$$\sigma_1 = \frac{2F}{\pi Dt}, \sigma_2 = \frac{6F}{\pi Dt},$$

代入光弹性基本方程式(2-36)可得

$$f_\sigma = \frac{t(\sigma_1 - \sigma_2)}{n} = \frac{8F}{\pi Dn}。$$

对应于一定的外载荷 F，只要测出圆心处的等差线条纹级数 n，即可求出模型材料的条纹值 f_σ。实验时，为了较准确地测出条纹值，可适当调整载荷大小，使圆心处的条纹正好是整数级。

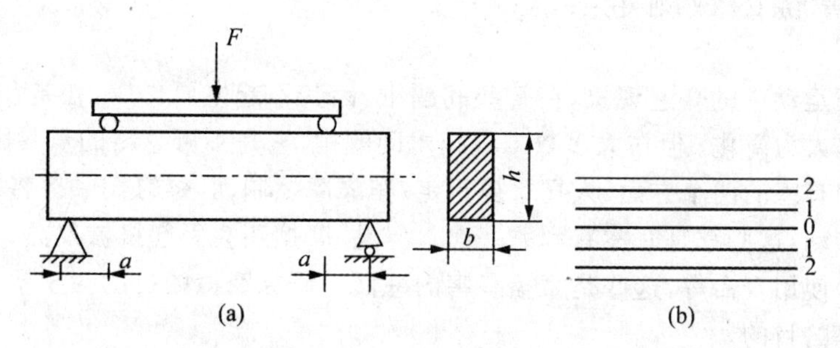

图 2-37

2. 测定纯弯曲梁横截面上的正应力

对于图 2-37(a)所示的梁，在其纯弯曲段，横截面上只有正应力，而无切应力，且

$$\sigma_1 = \frac{My}{I_z} = \frac{6Fa}{bh^3}y,$$

$$\sigma_2 = 0,$$

代入光弹性基本方程式(2-36)得

$$\sigma_1 \frac{6Fa}{bh^3}y = \frac{nf_\sigma}{b}。$$

在已知材料条纹值 f_σ 的情况下,测出加载后 y_i 处的条纹级数 n_i,就可计算出该点的弯曲正应力

$$\sigma_i = \frac{n_i f_\sigma}{b}。$$

3. 含有中心圆孔薄板的应力集中观察

图 2-38 为带有中心圆孔薄板受拉时的情形。孔的存在,使得孔边产生应力集中。孔边 A 点的理论应力集中因数

$$K_t = \frac{\sigma_{max}}{\sigma_m}。$$

式中:σ_m 为 A 点所在横截面的平均应力,即

$$\sigma_m = \frac{F}{at}。$$

σ_{max}为 A 点的最大应力。因为 A 点为单向应力状态,$\sigma_1=\sigma_{max}$,$\sigma_2=0$ 由式(2-36)可得

$$\sigma_{max} = \frac{nf_\sigma}{t},$$

因此

$$K_t = \frac{nf_\sigma \cdot a}{F}。$$

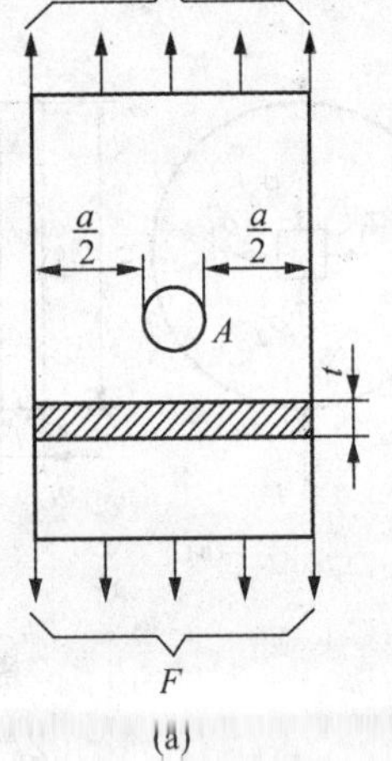

(a)

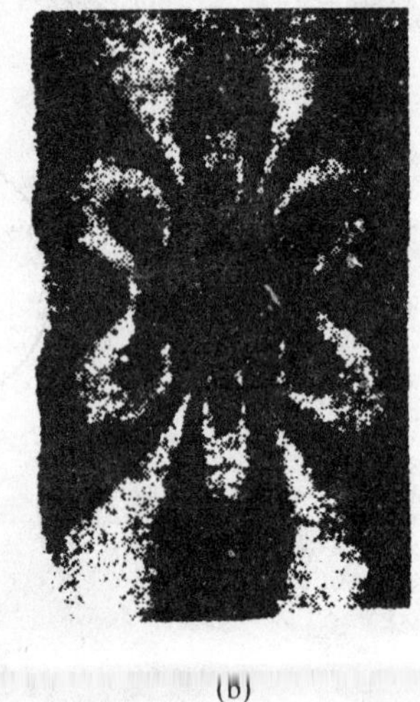
(b)

图 2-38

实验时,调整截荷大小 F,使得通过 A 点的等差线恰好为整数级 n,再将预先测好的材料条纹值 f_σ 代入上式,即可获得理论应力集中因数 K_t。

§2-10　动摩擦因数测定实验

摩擦是机械运动中的普遍现象,在某些问题中,因其不起主要作用,在初步计算中忽略它的影响而使问题大为简化。但在大多数工程技术问题中,它是不可忽略的重要因素。摩擦通常表现为有利的和有害的两个方面。人靠摩擦行走,车靠摩擦制动,螺钉无摩擦将自动松开,带轮无摩擦将无法传动,这些都是摩擦有利的一面。但是,摩擦还会引起机械发热、零件磨损、降低机械效率和减少使用寿命等,这些是摩擦有害的一面。研究摩擦的目的在于掌握摩擦规律,从而达到兴利除弊的目的。

一、实验目的与可实现课题

1. 实验目的

(1) 了解并掌握的动摩擦因数的一般测试方法。

(2) 测定木材与铝合金、不锈钢与铝合金间的动摩擦因数 f。

(3) 熟悉测试仪器的使用，培养学生的动手能力。

2. 可实现课题

(1) 测定任意两种固体材料间的动摩擦因数 f。

(2) 两种材料在不同表面粗糙度的条件下，其动摩擦因数的测定与比较。

二、实验仪器和设备

(1) 摩擦因数测试装置。

(2) 滑动试块。

三、实验原理及方法

1. 摩擦因数测试装置

该装置主要由摩擦测试台和智能加速度侧试仪 1 构成，如图 2-39 所示。智能加速度侧试仪用来测量光电门Ⅰ与光电门Ⅱ间的时间；摩擦测试台由量角器 2、光电门Ⅰ、光电门Ⅱ、滑动斜面 3、摇把 4 组成，通过转动摇把 4 可调节滑动斜面的倾角，确保实验时滑动试块 5 能够顺利下滑。

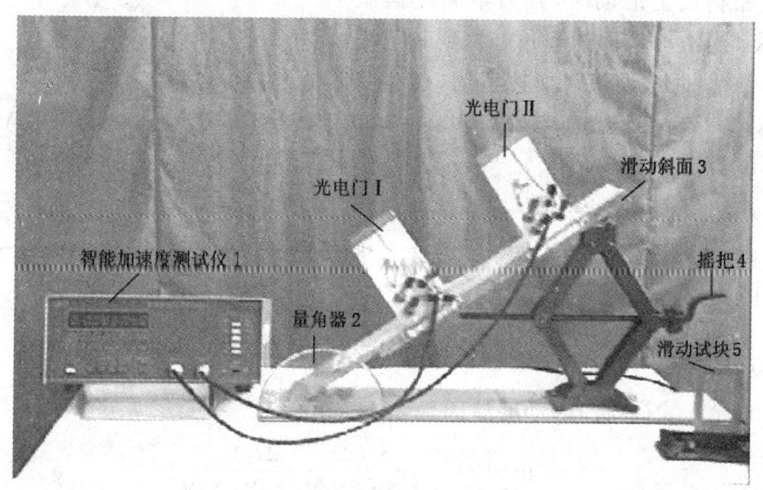

图 2-39

2. 实验原理

摩擦测试台的实验示意图如图 2-40 所示，将滑动试块 A，置于倾角为 θ 的滑动斜面 B 上，滑动试块 A 上的挡光片为 C，L_1、L_2 分别为光电门Ⅰ、光电门Ⅱ，这两个光电门用信号线与智能加速度测试仪相连。实验时将被测试的材料分别固定在滑动试块 A 与滑动斜面 B 之间。当滑动试块 A 在斜面 B 上下滑过程中，智能加速度测试仪将两挡光片通过两光电门Ⅰ、Ⅱ分别记录出各自的时间间隔 Δt_1、Δt_2，以及滑动试块从光电门Ⅰ运动到光

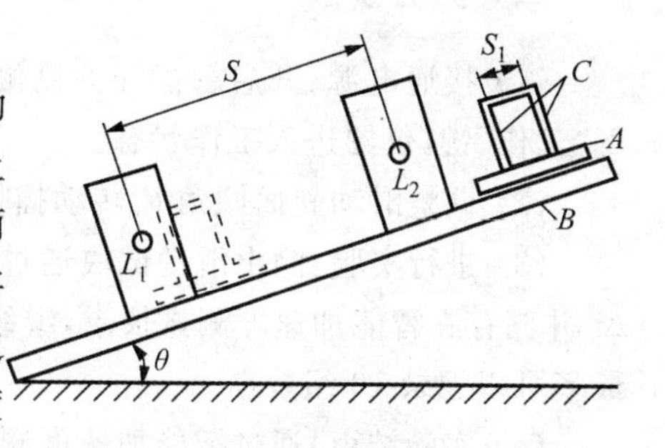

图 2-40

电门Ⅱ的时间间隔 $\Delta t'$。

已知两挡光片之间的距离 S_1，则滑动试块 A 上两片挡光片通过光电门Ⅰ和光电门Ⅱ时的平均速度 v_1、v_2 分别为：

$$v_1 = \frac{S_1}{\Delta t_1}；v_2 = \frac{S_1}{\Delta t_2}。\tag{2-37}$$

由于 S_1 较小，故 Δt_1 和 Δt_2 都很小，我们可以近似认为滑动试块在其时间内作匀加速度运动，因此把 Δt_1 时间内的平均速度 v_1 看作 $\Delta t_1/2$ 时刻的瞬时速度，同理把 Δt_2 时间内的平均速度 v_2 看作 $\Delta t_2/2$ 时刻的瞬时速度，则滑动试块的运动速度从 v_1 增加到 v_2 所需时间

$$\Delta t = \Delta t' - \frac{\Delta t_1}{2} + \frac{\Delta t_2}{2}。\tag{2-38}$$

根据加速度的定义可知，滑动试块在时间 Δt 内的平均加速度

$$a = \frac{v_2 - v_1}{\Delta t}。\tag{2-39}$$

将式(2-37)、式(2-38)代入式(2-39)得

$$a = \frac{S_1(\Delta t_1 - \Delta t_2)}{\Delta t_1 \cdot \Delta t_2 \cdot \Delta t}。\tag{2-40}$$

滑动试块在斜面上滑动时，其力学简化模型如图 2-41 所示。当滑动斜面的倾角 θ 大到一定程度时，滑动试块沿斜面作近似匀加速运动，加速度为 a，根据牛顿定律，在图示坐标系中：

$$\left.\begin{aligned} &mg\sin\theta - F = ma, \\ &F_N - mg\cos\theta = 0, \\ &F = f \cdot F_N。\end{aligned}\right\}\tag{2-41}$$

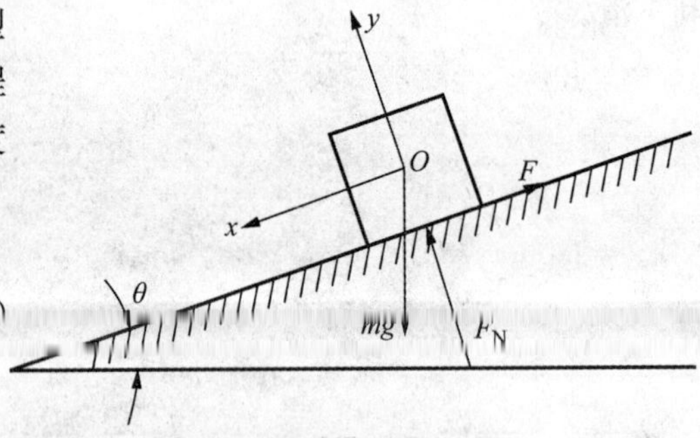

y
O
F
x
θ
mg
F_N

图 2-41

由式(2-41)整理得

$$f = \tan\theta - \frac{a}{g\cos\theta}。\tag{2-42}$$

将式(2-40)代入式(2-42)得动摩擦因数实测公式

$$f = \tan\theta - \frac{S_1(\Delta t_1 - \Delta t_2)}{g \cdot \cos\theta \cdot \Delta t_1 \cdot \Delta t_2 \cdot \Delta t}。\tag{2-43}$$

四、实验步骤

(1) 接通电源：开启智能加速度测试仪(此时光电门同时被点亮)，设定参数 $S_1 = 5\text{cm}$，按下“工作”键，仪器进入工作状态。

(2) 调整滑动斜面倾角 θ：转动摇把调整滑动斜面至适当倾角，使滑动试块能顺利下滑。

(3) 进行实验：测出滑动试块通过两个光电门时，挡光片挡光四次的时间间隔 Δt_1、Δt_2 和 $\Delta t'$ 并储存在智能加速度测试仪中，继续按“工作”键可以进行第二次实验。智能加速度测试仪最多可以记录 10 组数据。

(4) 实验结束：通过智能加速度测试仪上的“显示”键，读得三个时间间隔 Δt_1、Δt_2 和 $\Delta t'$ 的值，如果不想储存当前的实验数据，可以按“取消”键重新开始实验。

注意事项：

(1) 转动摇把进行斜面倾角调整时,速度要缓慢,不要用力过猛。

(2) 实验前,请检查滑动试块上挡光片的高度是否合适,保证其能正常通过光电门。

(3) 滑动试块在滑行过程中不能与光电门碰撞。

(4) 如果滑动试块在滑行时不够流畅甚至停顿,则该次实验数据无效。

(5) 每组材料在实验时应多次测试,尽量避免偶然误差。

五、实验内容与要求

(1) 根据实验目的要求,拟定实验方案和操作步骤。

(2) 推导动摩擦因数的计算公式。

(3) 对材料的属性、表面情况及实验环境(如温度、湿度等)做好观测并记录相关实验数据。

(4) 根据实验数据求出不同材料间的动摩擦因数。

六、思考题

(1) 动摩擦因数与那些因数有关?

(2) 试分析引起误差的原因。

七、整理实验报告

实验数据的记录和结果处理可参考表 2-8。

【附】实验数据记录表

表 2-8

重力加速度 $g=$ ________ m/s^2　　挡光片之间的距离 $S_1=$ ________ cm

序号	实验材料	次数	Δt_1/s	Δt_2/s	$\Delta t'$/s	Δt/s	倾角 θ/°	f	$\bar{f}$
1	木材-铝合金	①							
		②							
		③							
2	不锈钢-铝合金	①							
		②							
		③							

§2-11　测定圆盘的转动惯量

一、实验目的与可实现课题

1. 实验目的

(1) 了解并掌握利用“三线摆”方法测量物体转动惯量的方法。

(2) 测定圆盘的转动惯量,并与理论值进行比较。

(3) 分析“三线摆”摆长对测量误差的影响。

2. 可实现课题

测定圆盘的转动惯量。

二、实验仪器和设备

(1) TME-1 理论力学多功能实验装置(含不锈钢圆盘“三线摆”)。

(2) 秒表、卷尺。

三、实验原理与装置

1. 实验装置

本实验的三线摆实验装置示意图如图 2-42 所示，不锈钢圆盘质量为 m，半径为 R，摆线 AA_1、BB_1、CC_1 的长度均为 l，摆线与圆盘的固结点 A_1、B_1、C_1 的的连线为等边三角形，其外接圆的半径为 r，与圆盘有共同的圆心 O_1。当轻轻转动水平放置的圆盘时，由于三根摆线的张力作用，圆盘即以中心线 OO_1 为轴作周期性的扭转振动。

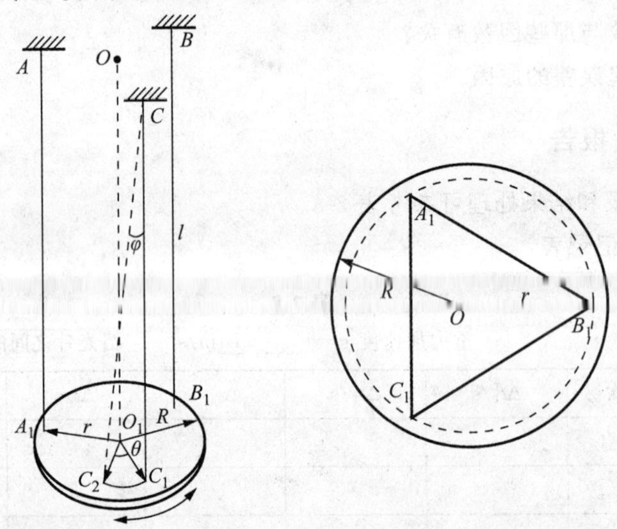

图 2-42

2. 实验原理

转动惯量是刚体转动惯性的度量，而“三线摆”是测量转动惯量的一种常用方法。

设圆盘扭转时发生的角位移为，此时摆线 CC_1 从初始位置运动到 CC_2 的位置，CC_1 和 CC_2 的夹角为 φ，如图 2-43 所示。当扭转角度 θ 很小，夹角 φ 也很小，摆线长度 l 远大于圆盘半径 r 时，将圆弧 C_1C_2 近似看成线段$\overline{C_1C_2}$，此时，$\sin\theta\approx\theta$，$\sin\varphi\approx\varphi$，由图中几何关系可知：

$$r\cdot\theta=l\cdot\varphi。\tag{2-44}$$

当圆盘扭转的角位移达到最大值 $\theta_{\max}$时，CC_1 和 CC_2 的夹角也达到极值 $\varphi_{\max}$，则有

$$r\cdot\theta_{\max}=l\cdot\varphi_{\max}。\tag{2-45}$$

如果忽略摩擦阻力和圆盘上下运动的平动动能，则可认为此时圆盘的动能全部转化为势能，这时圆盘的重心升高 h。圆盘转动的最大动能

$$T_{max} = \frac{1}{2} J_0 \omega_{max}^2 。 \tag{2-46}$$

而 θ_{max}很小，圆盘将作近似简谐振动，设摆线在 CC_1 处于平衡位置，圆盘的振动周期为 T_0，初始相位为 ϕ，圆盘在任一时刻 t 相对于平衡位置的角位移

$$\theta = \theta_{max} \cos\left(\frac{2\pi}{T_0} t + \phi\right) 。 \tag{2-47}$$

则圆盘的振动角速度

$$\omega = \frac{d\theta}{dt} = -\frac{2\pi}{T_0} \theta_{max} \sin\left(\frac{2\pi}{T_0} t + \phi\right) 。 \tag{2-48}$$

当圆盘通过平衡位置，即 $t = nT_0/4 (n = 1, 3, 5, 7, \cdots)$时，角速度有最大值

$$\omega_{max} = \frac{d\theta}{dt} = \frac{2\pi}{T_0} \theta_{max} 。 \tag{2-49}$$

将式(2-49)代入式(2-46)中得

$$T_{max} = \frac{1}{2} J_0 \left(\frac{2\pi\theta_{max}}{T_0}\right)^2 。 \tag{2-50}$$

若设平衡位置的势能为零，重力加速度为 g(可取为 9.8m/s^2)，则圆盘扭转的角位移达到最大值 θ_{max}时有最大的势能

$$V_{max} = mgh = mgl \cdot 2\left(\sin \frac{\varphi_{max}}{2}\right)^2 = \frac{mgr^2\theta_{max}}{2l} 。 \tag{2-51}$$

由机械能守恒定律 $V_{max} = T_{max}$得圆盘转动惯量的实验公式

$$J_0 = \left(\frac{T_0}{2\pi}\right)^2 \cdot \frac{mgr^2}{l} 。 \tag{2-52}$$

四、实验步骤

(1) 松开 TME-1 多功能实验装置上右边的转轮锁紧开关，摇动手轮，将右边的一个圆盘往下放。

(2) 用卷尺量摆线长，使圆盘下降至线长为 300mm 处，锁紧手轮。

(3) 给圆盘一个微小的摆角(小于或等于 5°)，自然释放。用秒表测取 $n(n \geqslant 10)$个以上摆动周期的时间，并记录。

(4) 再使圆盘下降 10cm，重复上述步骤(3)。

(5) 重复上述步骤(3)、(4)，直至摆线长度达到 600mm 以上为止。

(6) 整理设备，恢复到初始状态。

注意事项：

(1) 摆的三根线应等长，以保持圆盘水平。

(2) 实际测试时，应避免圆盘产生较大幅度的平动。

(3) 根据圆盘转动惯量的实测公式，要用到摆线与圆盘固结点所构成等边三角形的外接圆半径 r，与圆盘的半径 R 并无直接关系。

五、思考题

(1) 根据实测结果，试分析摆线长度对测试精度的影响。

(2) 假如初始摆角过大,对实验结果是否有影响?为什么?

六、整理实验报告

实验数据记录与结果处理可参考表 2-9。

表 2-9

摆线与圆盘固结点的外接圆半径 r=________mm,圆盘直径 D=________mm,厚度 δ=________mm

摆线长度 l /mm	摆动 n 个周期的时间 t /s	平均周期 T_0 /s	理论转动惯量 $J_{0理}$ /($kg \cdot m^2$)	实测转动惯量 $J_{0实}$ /($kg \cdot m^2$)	误差 /%
300					
400					
500					
600					
700					

注:不锈钢密度 $\gamma=7500kg/m^3$。

第3章　综合性、思考性实验

§3-1　弯曲变形实验

一、概述

工程实际中，对某些受弯杆件，除强度要求外，往往还有刚度要求，既要求它变形不能过大，如以吊车梁为例，当变形过大时，将使梁上小车行走困难，出现爬坡现象，而且还会引起梁的严重振动，常常要限制弯曲弯形；但另外一些情况下，又要利用弯曲变形达到某种目的，例如通过梁受弯曲变形来直接研究梁的刚度问题，是解决一些实际工程问题的常用方法之一。

二、实验目的与可实现课题

1. 实验目的

(1) 测试钢梁在弯曲受力时的挠度 w 和倾角 θ，并和理论值进行比较。

(2) 了解和掌握挠度和倾角的测试方法。

2. 可实现课题

(1) 测定各种截面的梁在受力弯曲时的挠度 w 和倾角 θ。

(2) 验证梁弯曲时的挠度和倾角计算公式。

三、实验装置与提供的条件

(1) 加载装置。

(2) 位移传感器。

(3) 矩形梁。

四、实验安排

实验采用矩形截面钢梁作为试件，实验装置的受力和位移传感器3、4安装简图如图3-1所示。

五、实验步骤

(1) 将量好尺寸的钢梁1，按预先设计要求，安装在相应的卡具中。并记下有关数据 a，b，l，l_1 和弹性系数 E。

(2) 将位移传感器3、4安装在指定位置，并检查和调整它们的工作情况。检查时，用手轻轻下压试件1，观察位移传感器3、4上的读数是否稳定。

(3) 加荷进行实验。先加一块砝码2，作为初荷重 F_0，计算机自动记下位移传感器3、4的初读数。然后逐次等加荷重 ΔF。位移传感器3、4将通过计算机自动逐次记下读数。实验记录

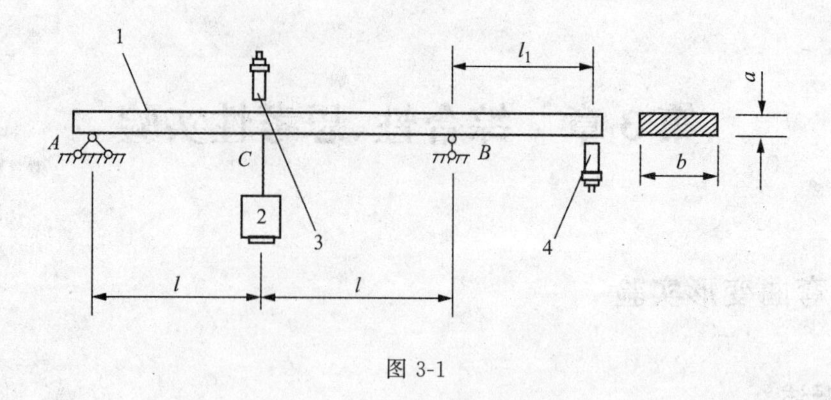

图 3-1

可记入表 3-1 中。

表 3-1 实验数据

荷重 F/N	挠度 w 读数 C/0.01mm	倾角 θ_B 读数 B/0.01mm	备 注
F_0			
$F_0+\Delta F$			
$F_0+2\Delta F$			
$F_0+3\Delta F$			
⋮			

(4) 实验完后,卸去砝码。

六、实验内容与要求

(1) 根据实验目的要求,思考并拟定实验方案。

(2) 独立完成实验。包括按图安装加载装置、加载读取和记录实验原始数据等。

(3) 计算加载等级重量和挠度及倾角,经任课老师认可后,结束实验,使装置、仪器复原。

七、实验报告要求

画出梁的受力图,写其测试原理及方法,表示梁受力后截面 C 的挠度和支点 B 的转角的理论公式和实测数据表达式,最后列表比较。

§3-2 动荷挠度实验

一、概述

前面主要介绍了构件在静荷作用下应力应变和变形的不同测试方法。而在工程实际中,有很多构件要承受不同形式的动载荷,如内燃机的连杆、锻压汽锤的锤杆等,构件只要承受的动载荷不超过比例极限,胡克定律仍然有效。

二、实验目的

1. 实验目的

(1) 测定梁在动荷撞击下的挠度,并与理论计算值相比较。

(2) 了解测定动荷挠度的简易实验方法。

2. 可实现课题

(1) 测定冲击动荷因数 K_d。

(2) 测定梁在动荷撞击下的挠度。

三、实验安排

采用矩形截面钢梁作为试件。试件加力和测试装置如图 3-2 所示。

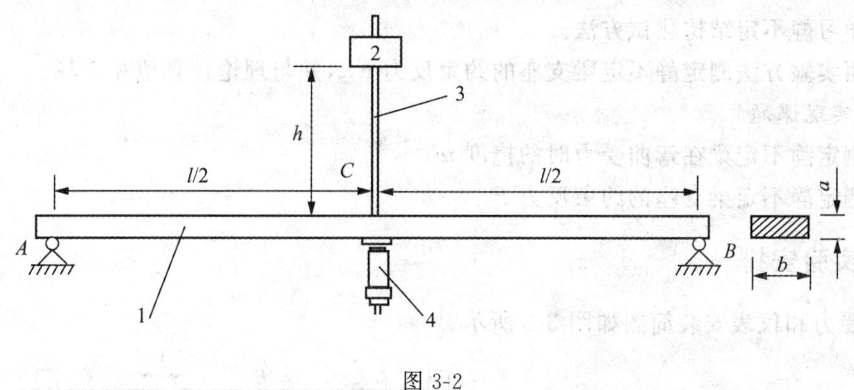

图 3-2

四、实验步骤

(1) 将量好尺寸的钢梁 1 按预先设计要求,安装在相应的卡具中,并记下有关数据 l, h, a, b 以及弹性模量 E、重铊 2 的重力 P。

(2) 为了理论计算方便,将装有重铊 2 的滑杆 3 和位移传感器 4,安放在钢梁 1 的中心 C 处。

(3) 将重铊 2 提高到离开钢梁 1 指定的高度 h,然后突然松开,使它沿滑杆 3 自由下落,撞击在钢梁 1 上。

(4) 由于钢梁 1 受冲击荷重的作用,C 点将向下移动一个距离 w_C。这时位移传感器 4 将测量并记录下撞击前后的两次位移差 ΔC,即为钢梁 1 在撞击荷重 P 作用下引起的动荷挠度 w_C 的读数。

五、实验内容与要求

(1) 根据实验目的要求,思考并拟定实验方案。

(2) 独立完成实验,按图 3-2 搭建加载装置,加载、读取和记录实验原始数据等。

(3) 现场计算出钢梁中点上的动荷挠度。

六、实验报告要求

列表记录测试数据表格,写出动载荷挠度的理论和实测公式,整理实验数据,求出其动载荷挠度。

§3-3　静不定梁实验

一、概述

本实验利用功能互等定理，是把欲测的力学量——力，转化成对另一个力学量——位移的检测。利用位移感应传感器测得位移，拓宽了测试方法。还可以帮助对求解静不定问题的理解。

二、实验目的与可实现课题

1. 实验目的

(1) 学习静不定结构测试方法。

(2) 用实验方法测定静不定梁支座的约束反力 F_{xy}，并与理论计算值相比较。

2. 可实现课题

(1) 测定静不定梁在弯曲受力时的挠度 w。

(2) 测定静不定梁支座的约束反力 F_{xy}。

三、实验安排

试件受力和仪表安装简图如图 3-3 所示。

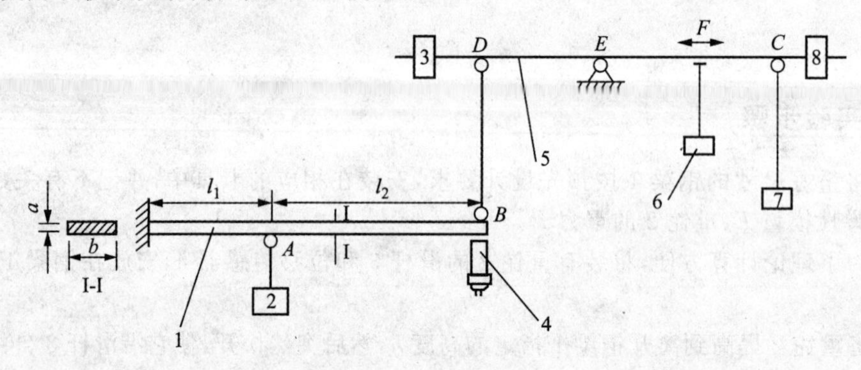

图 3-3

四、实验步骤

(1) 将试件 1、位移传感器 4、加力杠杆 5 按预先设计好的位置安装在相应的卡具中(梁的左端为固定端，右端 B 受铰支约束)，并记下有关数据 l_1，l_2，$\overline{ED}$，$\overline{EC}$以及试件断面尺寸 a，b 和弹性模量 E。

(2) 在未加所有砝码(2,6,7)前，调整加力杠杆 5 两端的平衡铊 3,8，使试件 1 右端 B 点上支反力 F_{xy}为零(即 DB 杆不受力)。这时，记录下位移传感器 4 上的读数 B。

(3) 加上砝码 2，使试件 1 的 A 处承受一个向下集中力 F_A。这时，位移传感器 4 将离开原先的读数 B。

(4) 为了使位移传感器 4 上的读数返回到原先读数 B，先在加力杠杆 5 的右端 C 处加上适量的砝码 7(F_C)，最后，再用微调砝码 6(F_F)将其左右移动，直到位移传感器读数回到 B 为止。显然，在此情况下试件 1 的受力情况即为如图 3-4 所示的静不定梁。在 B 点处的多余约束支反力 F_{xy}即为 BD 杆中的拉力。

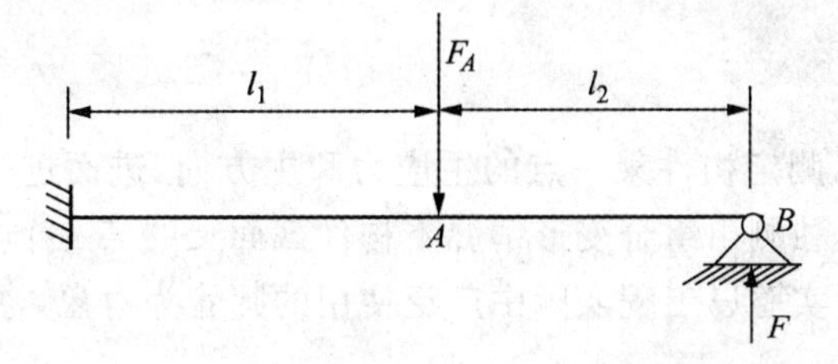

图 3-4

五、实验内容与要求

(1) 根据实验目的要求，拟定实验方案和操作步骤。

(2) 独立完成实验，记录有关实验数据。

(3) 根据实验数据求出支反力 F_{xy}。

(4) 该超静定梁的受力简图如图 3-4 所示。去除“多余”约束支座，用支反力 F_y 代替(水平方向无约束)，得到图 3-5(a)所示的系统。该系统中，B 点的挠度必须为零，即

$$\delta_B = 0,$$

在线弹性、小变形情况下，B 点的挠度是由 F 和 F_y 在 B 点产生的挠度的叠加，所以

$$\delta_{B,F} + \delta_{B,F_y} = 0。\tag{3-1}$$

由式(3-1)和“叠加法”可求得

$$F_y = \frac{a^2(3l-a)F}{2l^3},\tag{3-2}$$

这是支反力 F_y 的理论解。

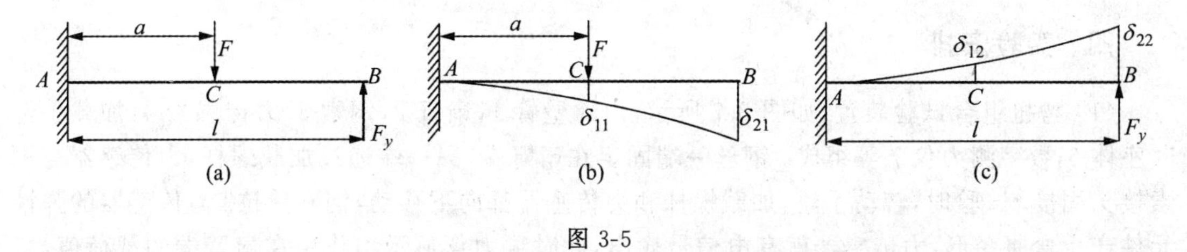

图 3-5

实验只提供了测定位移的条件，而无测力手段。故需要把力和位移联系起来，这就是功。把图 3-5(a)看成是图 3-5(b)和图 3-5(c)的叠加，写出功互等定理表达式。由表达式明确测试目标，拟定实验步骤。

六、实验报告要求

(1) 结合图 3-5，写出功互等定理表达式。

(2) 详细写出实验操作步骤。

(3) 整理实验数据，求出 F_{xy}的实测值，再由式(3-2)计算出 F_{xy}的理论值，并计算两者的误差。

§ 3-4 弯、扭组合实验

一、概述

在复杂受载情况下，测定构件某一点的主应力和主方向，进而进行强度分析，是工程中经常遇到的问题。此外，单独测出组合变形情况下构件截面上的某一个内力，对于分析或调整构件的受力也是必要的，本实验以工程实际中广泛使用的圆管为对象，进行必要的基本训练。

二、实验目的与可实现课题

1. 实验目的

(1) 用半桥联接的方法，测定薄壁圆筒受弯、扭组合变形下的一点的主应力的大小和方向，并与理论值进行比较。

(2) 用全桥联接的方法，测定薄壁圆筒受弯、扭组合变形下的扭矩和弯矩，并与理论值进行比较。

(3) 练习和掌握电阻应变仪的电桥联接方法。

2. 可实现课题

(1) 测定任意点的主应力和主方向。

(2) 分别测量弯矩、扭矩、剪力单独产生的应变。

(3) 测量切变弹性模量 G。

二、实验装置

(1) 弯、扭组合试验装置。

(2) 静态电阻应变仪或 XL2118C 型力/应变综合参数测试仪。

四、实验安排

(1) 弯扭组合试验装置，如图 3-7 所示，由薄壁管 1，扇臂 2，钢索 3，力传感器 4，加载手轮 5，座体 6，数字测力仪 7 等组成。钢丝一端固定在扇臂端，另一端通过加载螺杆，力传感器与钢索接头固接。试验时，转动手轮，加载螺杆和力传感器都向下移动，钢索受拉。力传感器的弹性元件产生弯曲变形，力传感器就有电信号输出，此时测力仪显示出作用在扇臂端的载荷值，扇臂端的作用力传递到薄壁管上，薄壁管产生弯、扭组合变形。

薄壁圆管的材料为钢，其弹性模量 $E=210\text{GPa}$，泊松比 $\mu=0.26$。

薄壁圆管截面尺寸示意图如图 3-6(a)中的 Ⅰ－Ⅰ 截面所示，外径 $D=40\text{mm}$，内径 $d=32\text{mm}$，薄壁圆管受弯扭组合变形的应力状态简图如图 3-6(b)所示。

离自由壁端 300mm 处及 270mm 处的截面为被测位置，在此处圆管表面前、后、上、下，即图 3-6(b)所示的 A、B、C、D 四个点被测位置上，每处粘贴一枚直角应变花。每截面共计 12 枚应变片，供不同实验目的选用。

(2) 用应变花(应变花指由几个应变片按不同角度组合而成的复合应变片)测量试件 1 靠近固定端 Ⅰ－Ⅰ 断面处面上 B 点的主应力 σ_1 和 σ_2，以及对应的方向角。

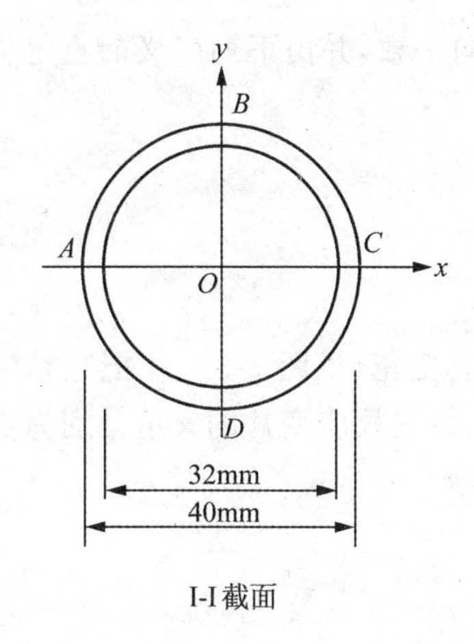

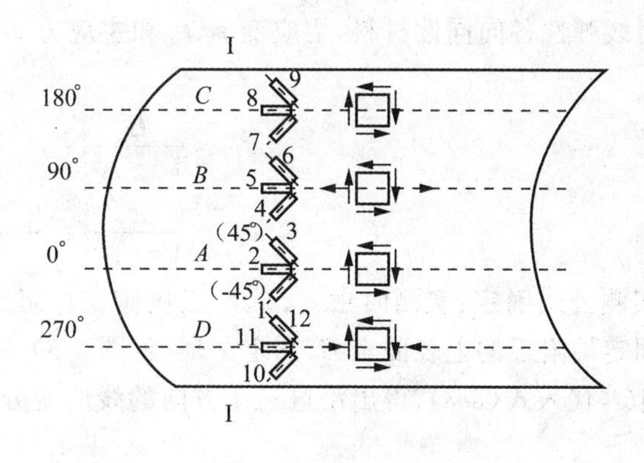

图 3-6

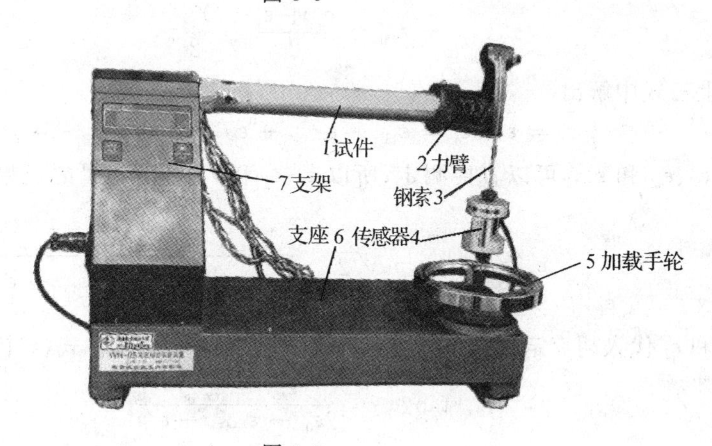

图 3-7

(3) 用应变花测定作用在试件 1 上弯矩和扭矩。

五、应力与内力分析

1. *确定主应力和主方向*

理论公式确定:扭弯组合作用下,圆管的 Ⅰ－Ⅰ 截面处于平面应力状态。若在 xy 平面内,沿 x、y 方向的线应变为 ε_x、ε_y,切应变为 γ_{xy},根据应变分析,沿与 x 轴成 α 角的方向 n(从 x 到 n 反时针的 α 为正)线应变为

$$\varepsilon_\alpha = \frac{\varepsilon_x + \varepsilon_y}{2} + \frac{\varepsilon_x - \varepsilon_y}{2}\cos 2\alpha - \frac{1}{2}\gamma_{xy}\sin 2\alpha, \tag{3-3}$$

ε_α 随 α 的变化而改变,在两个互相垂直的主方向上,ε_α 到达极值,称为主应变。主应变由下式计算

$$\left.\begin{matrix}\varepsilon_1\\ \varepsilon_2\end{matrix}\right\} = \frac{\varepsilon_x + \varepsilon_y}{2} \pm \frac{1}{2}\sqrt{(\varepsilon_x - \varepsilon_y)^2 + \gamma_{xy}^2}, \tag{3-4}$$

两个互相垂直的主方向 α_0 由下式确定

$$\tan 2\alpha_0 = -\frac{\gamma_{xy}}{\varepsilon_x - \varepsilon_y}。 \tag{3-5}$$

对线弹性各向同性材料，主应变 ε_1、ε_2 和主应力 σ_1、σ_2 方向一致，并由下列广义胡克定律相联系，

$$\left.\begin{aligned}\sigma_1 &= \frac{E}{1-\mu^2}(\varepsilon_1+\mu\varepsilon_2)\\ \sigma_2 &= \frac{E}{1-\mu^2}(\varepsilon_2+\mu\varepsilon_1)\end{aligned}\right\} \tag{3-6}$$

实测公式确定：实测时由 ε_4、ε_5、ε_6 三枚应变片组成直角应变花（见图 3-8），并把它粘贴在圆筒固定端附近的上表面点 B。选定 x 轴（见图 3-8），则 ε_4、ε_5、ε_6 三枚应变片的 α 角分别为 45°、0°、−45°，代入式(3-3)，得出沿这三个方向的线应变分别是

$$\varepsilon_{-45^\circ} = \frac{\varepsilon_x+\varepsilon_y}{2}+\frac{\gamma_{xy}}{2},$$

$$\varepsilon_{0^\circ} = \varepsilon_x,$$

$$\varepsilon_{45^\circ} = \frac{\varepsilon_x+\varepsilon_y}{2}-\frac{\gamma_{xy}}{2}。$$

从以上三式中解出

$$\varepsilon_x=\varepsilon_{0^\circ},\ \varepsilon_y=\varepsilon_{45^\circ}+\varepsilon_{-45^\circ}-\varepsilon_{0^\circ},\ \gamma_{xy}=\varepsilon_{-45^\circ}-\varepsilon_{45^\circ}。 \tag{a}$$

由于 ε_{0°、ε_{45° 和 ε_{-45° 可以直接测定，所以 ε_x、ε_y 和 γ_{xy} 可由测量的结果求出。将它们代入式(3-4)，得

$$\left.\begin{matrix}\varepsilon_1\\ \varepsilon_2\end{matrix}\right\}=\frac{\varepsilon_{-45^\circ}+\varepsilon_{45^\circ}}{2}\pm\frac{\sqrt{2}}{2}\sqrt{(\varepsilon_{-45^\circ}-\varepsilon_{0^\circ})^2+(\varepsilon_{45^\circ}-\varepsilon_{0^\circ})^2}。 \tag{3-7}$$

把 ε_1 和 ε_2 代入胡克定律(3-6)，便可确定 B 点的主应力。将式(a)代入式(3-5)得

$$\tan 2\alpha_0 = \frac{\varepsilon_{45^\circ}-\varepsilon_{-45^\circ}}{2\varepsilon_{0^\circ}-\varepsilon_{-45^\circ}-\varepsilon_{45^\circ}}。$$

由上式解出相差 $\pi/2$ 的两个 α_0，确定两个相互垂直的主方向。利用应变圆可知，若 ε_x 的代数值大于 ε_y，则由 x 轴量起，绝对值较小的 α_0 确定主应变 ε_1（对应于 σ_1）的方向。反之，若 $\varepsilon_x<\varepsilon_y$，则由 x 轴量起，绝对值较小的 α_0 确定主应变 ε_2（对应于 σ_2）的方向。

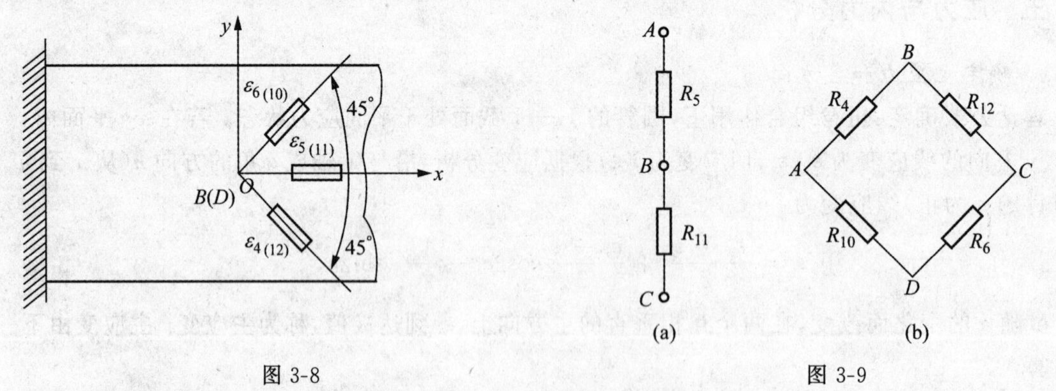

图 3-8　　　　图 3-9

2. 测定弯矩

对薄臂圆管试件受弯扭组合作用时，离自由端为 L 的任意截面上的弯矩 M 的理论公式为

$$M = FL,$$

在靠近固定端的下表面点 D（D 为直径 BD 的端点）上，粘贴一枚与 B 点相同的应变花，其三枚应变片为 ε_{10}、ε_{11}、ε_{12}，相对位置已表示于图 3-8 中。圆管虽为扭弯组合，但 B 和 D 两点沿 x

方向只有因弯曲引起的拉伸和压缩应变，且两者数值相等符号相反。因此，将 B 点的应变片 ε_5 与 D 点的应变片 ε_{11}，按图 3-9(a)半桥接线，得

$$\varepsilon_{ds} = (\varepsilon_5 + \varepsilon_t) - (-\varepsilon_{11} + \varepsilon_t) = 2\varepsilon_M。$$

式中：ε_t 为温度应变，ε_{ds}即为 B 点因弯曲引起的应变。因此求得最大弯曲应力

$$\sigma = E \cdot \varepsilon_M = \frac{E\varepsilon_{ds}}{2},$$

还可由下式计算最大弯曲应力，即

$$\sigma = \frac{M \cdot D}{2I_z} = \frac{32MD}{\pi(D^4 - d^4)},$$

令以上两式相等，便可求得弯矩

$$M = \frac{E\pi(D^4 - d^4)}{64D}\varepsilon_{ds}。 \tag{3-8}$$

B 点和 D 点沿 45°和−45°方向的应变，是由弯矩引起的应变 ε_M 和扭矩引起的应变 ε_T 共同组成。且 ε_4 和 ε_{12}引起的 ε_M 和 ε_T 异号，ε_6 和 ε_{10}引起的 ε_M 和 ε_T 同号。

B 点：$\varepsilon_x = \dfrac{\sigma}{E} = \dfrac{M}{EW_z}$，$\varepsilon_y = -\mu\dfrac{\sigma}{E} = -\mu\dfrac{M}{EW_z}$，$\gamma_{xy} = \dfrac{\tau}{G} = \dfrac{2(1+\mu)T}{EW_p}$，

D 点：$\varepsilon_x = -\dfrac{\sigma}{E} = -\dfrac{M}{EW_z}$，$\varepsilon_y = -\mu\dfrac{\sigma}{E} = \mu\dfrac{M}{EW_z}$，$\gamma_{xy} = \dfrac{\tau}{G} = \dfrac{2(1+\mu)T}{EW_p}$。

根据前面推导的±45°方向的应变计算公式，同时考虑到温度的影响，则有

$$\varepsilon_4 = \frac{(1-\mu)M}{2EW_z} + \frac{(1+\mu)T}{EW_p} + \varepsilon_t, \varepsilon_6 = \frac{(1-\mu)M}{2EW_z} - \frac{(1+\mu)T}{EW_p} + \varepsilon_t,$$

$$\varepsilon_{10} = -\frac{(1-\mu)M}{2EW_z} + \frac{(1+\mu)T}{EW_p} + \varepsilon_t, \varepsilon_{12} = -\frac{(1-\mu)M}{2EW_z} - \frac{(1+\mu)T}{EW_p} + \varepsilon_t。$$

按图 3-9(b)全桥接线，则

$$\varepsilon_{ds} = \varepsilon_4 - \varepsilon_{10} + \varepsilon_6 - \varepsilon_{12} = \frac{2(1-\mu)}{W_zE}M$$

故此

$$M = \frac{EW_z\varepsilon_{ds}}{2(1-\mu)}。$$

式中，W_z 为薄臂圆管试件的抗弯截面系数，$W_z = \dfrac{\pi D^3(1-\alpha^4)}{32}$，其中 $\alpha = \dfrac{d}{D}$。

3. 测定扭矩

当圆管受纯扭转时，B 点的应变片 ε_6 和 ε_4 以及点 D 的应变片 ε_{10}和 ε_{12}都沿主应力方向。又因主应力 σ_1 和 σ_2 数值相等符号相反，故四枚应变片的应变的绝对值相同，且 ε_4 与 ε_{10}引起的 ε_T 同号，与 ε_6、ε_{12}异号。如按图 3-10 全桥接线，则

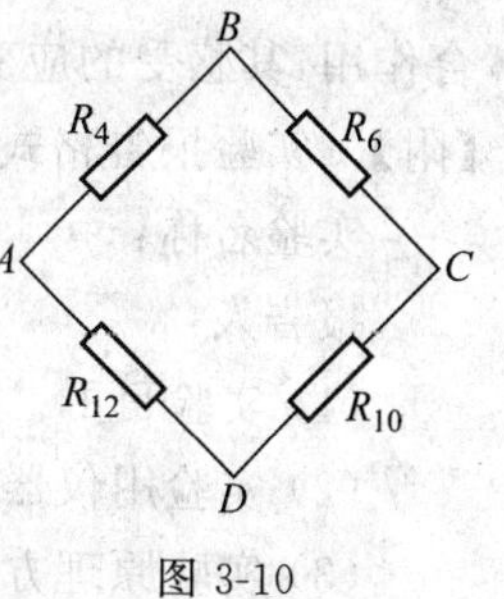

(b)

图 3-10

$$\varepsilon_{ds} = \varepsilon_4 - \varepsilon_6 + \varepsilon_{10} - \varepsilon_{12} = \varepsilon_T - (-\varepsilon_T) + \varepsilon_T - (-\varepsilon_T) = 4\varepsilon_T,$$

$$\varepsilon_T = \frac{1}{4}\varepsilon_{ds},$$

$$\varepsilon_{ds} = 4\varepsilon_T = 4 \cdot \frac{\gamma_{xy}}{2} = 2\gamma_{xy},$$

$$\gamma_{xy}=\frac{\varepsilon_{ds}}{2}。$$

因为 $\gamma_{xy}=\frac{\tau}{G}=\frac{2(1+\mu)T}{EW_p}$,所以

$$T=\frac{E\cdot W_p}{2(1+\mu)}\gamma_{xy}=\frac{\varepsilon_{ds}}{2}\cdot\frac{E\cdot W_p}{2(1+\mu)}=\frac{\varepsilon_{ds}\cdot E\cdot W_p}{4(1+\mu)}$$

式中,W_p 为薄臂圆管试件的扭转截面系数,$W_p=\frac{\pi D^3(1-\alpha^4)}{16}$,其中 $\alpha=\frac{d}{D}$。

当前虽然是扭弯组合,但如在上述四枚应变片的应变中增加弯曲引起的应变,代入式(3-6)后将相互抵消,仍然得出式(b),所以上述测定扭矩的方法仍可用于扭弯组合的情况。

六、实验内容与要求

(1) 根据引线的编组和颜色,仔细识别引线与应变片的对应关系。

(2) 根据实验目的的要求,拟定实验方案分别选用应变片,适当组桥,用半桥连接测主应力大小和方向,用全桥连接测扭矩或者弯矩。

(3) 打开应变仪和测力仪,逐步检测各个测点,处于平衡状态,然后加载、测试、记录各测点数据。

(4) 实验完毕,将各仪器、装置复原。

七、实验报告要求(见本节末【附】)

(1) 画出 A、B、C、D 单元体的各应力分量,找出各点的主单元体,表示在薄壁圆筒的展开图中(按理论公式说明)。

(2) 根据实验数据,计算出 B 点的主应力大小和方向,并与理论值进行比较。

(3) 根据实验数据,算出 B 点所在截面的扭矩或者弯矩,并与理论值进行比较。

(4) 把所测得实验数据及计算结果分别列成表格形式加以比较,分析说明。

八、思考题

(1) 本次实验的误差是由哪些原因造成的?

(2) 在电桥联接方式中,半桥联接与全桥联接各有什么优缺点?

(3) 在圆管的上表面与母线成 45°和 135°方向各粘贴一片应变片 1 和 2,当圆管受弯扭组合作用,其感受的应变分别为 ε_1 和 ε_2,则 ε_1 和 ε_2 的绝对值是否相同?若不同,哪个更大?

【附】 实验报告格式(仅供参考)

实验名称: 实验日期: 班级: 同组者:

报告人: 温度: 湿度:

(1) 实验目的。

(2) 实验用仪器设备:机(仪)器名称、型号、精度,量具名称、型号、精度。

(3) 实验原理方法简述(应画出薄壁圆筒受力图、电阻片的分布情况及连接方式)。

(4) 实验步骤简述。

(5) 实验数据和结果处理(见表 3-2),应给出理论和实测公式。

(6) 分析讨论和回答思考题。

表 3-2　实验测试数据和处理结果

Ⅰ－Ⅰ截面　$L=$　　mm

应变 载荷/N	4		5		6		测(　)矩	
	ε	$\Delta\varepsilon$	ε	$\Delta\varepsilon$	ε	$\Delta\varepsilon$	ε	$\Delta\varepsilon$
100		—		—		—		—
200								
300								
400								
500								
① 线性回归值 $F=($　　$)$N								
② 增量值 $\Delta\bar{\varepsilon}$								
计算结果	σ_1		σ_3		α_0		弯矩 M 或扭矩 T	
实测数据								
理论数据								
相对误差								

§3-5　测定不规则物体的定轴转动惯量

对于不规则物体，要通过计算来得到转动惯量是非常困难的。相对而言，计算规则物体的转动惯量要简单的多。所以我们利用“三线摆”，通过等效的方法来间接测量不规则物体的定轴转动惯量。实践证明，该方法的测量精度较高，在工程上也有推广价值。

一、实验目的与可实现课题

1. 实验目的

(1) 利用“三线摆”测定不规则零件的定轴转动惯量。

(2) 通过实验加深对转动惯量的理解。

2. 可实现课题

(1) 测定任意形状零件的定轴转动惯量。

(2) 验证转动惯量的平行轴定理。

二、实验仪器和设备

(1) TME-1 理论力学多功能实验装置(含薄质圆盘“三线摆”2 个)。

(2) 不规则零件(发动机摇臂)。

(3) 圆柱体铁块 2 个。

(4) 秒表、卷尺。

三、实验安排

根据§2-11测定圆盘的转动惯量实验中所推导的公式(2-52)可知，两个“三线摆”如果具有相同长度的摆线和相同直径的圆盘，假如“三线摆”摆动具有相同的周期，则说明两个圆盘的转动惯量是相等的。同理，如果在上述两个圆盘上各放置不同的物体，若该“三线摆”摆动仍具有相同的周期，则说明两个物体的转动惯量是相等的。根据这一原理，在一个摆上放置一个不规则的物体，而另一个摆上对称放置相同形状和质量的两个规则的物体(圆柱体铁块)，且两个对称物体之间的间隔可以进行调整，如图3-11所示。当调整到两个“三线摆”的摆动周期相等时，则认为此时不规则物体的转动惯量与两个对称物体的转动惯量是等效的。由于两个对称物体的转动惯量很容易计算，从而近似求得不规则物体的转动惯量。具体实验方法如下：

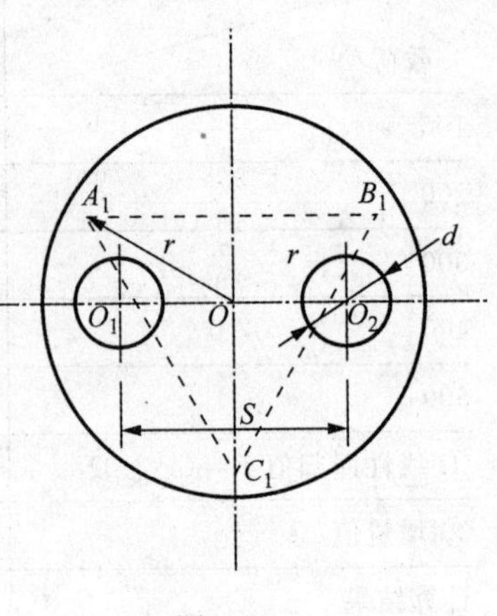

图 3-11

(1) 将TME-1理论力学多功能实验装置上左边的两个圆盘“三线摆”的手轮松开。

(2) 将两个“三线摆”的摆线长统一调整为600mm长，并保证两个圆盘水平，实际测试时，还应避免产生较大幅度的平动。

(3) 在一个“三线摆”圆盘上放置不规则零件(发动机摇臂)，并使零件的轴心与圆盘中心重合，给摆一个微小的初始转角(应小于或等于5°)，然后用秒表测$n(n\geqslant 10)$个周期的时间t_1，并作记录，应多次测量取平均值。

(4) 在另一个“三线摆”圆盘上对称放置两个规则的圆柱体铁块，并使两个铁块之间的中心距离S为某一初值(如10mm)，给摆一个微小的初始转角，然后用秒表测$n(n\geqslant 10)$个周期的时间t_2，并作记录。

(5) 逐渐等间距地改变两圆柱体间的距离S，直至该“三线摆”$n(n\geqslant 10)$个周期的时间t_2与t_1相同，或跨越不规则物体的摆动周期，并记录。

四、实验内容与要求

(1) 根据实验目和要求，拟定实验方案和操作步骤。

(2) 分析论证利用“三线摆”通过“等效法”测定不规则零件(发动机摇臂)转动惯量的合理性。

(3) 写出规则物体的转动惯量J_0的计算公式。

(4) 独立完成实验，记录有关实验数据。

五、思考题

(1) 不规则物体的轴心与圆盘中心不重合，对测量误差有何影响？

(2) 不规则物体的轴心与其本身重心不重合，对测量误差有何影响？

(3) 在圆盘上加上待测物体后，三线摆的摆动周期是否一定比空盘的扭动周期大？为什么？

六、实验报告

表 3-3 为实验数据记录表，可利用插值法得出等效中心距离 S' 和等效转动惯量 J'_0。

表 3-3

摆线长度 $l=$________ mm，铁块直径 $d=$________ mm，铁块质量 $m=$________ g，不规则物体的质量 $M=$________ g，摆动周期 $\overline{T}_1=$________ s

序号	规则物体间的中心距离 S /mm	摆动 n 个周期的时间 t /s	平均周期 T_0 /s	等效中心距离 S' /mm	等效转动惯量 J'_0 /(kg·m²)
1	10				
2	15				
3	20				
4	25				
5	30				
6	35				
7	40				

第4章　提高型实验

§4-1　应变电测基础和应变片粘贴实习

一、电阻应变片和应变花

1. 应变片的构造与种类

应变片的构造一般由敏感栅、黏结剂、覆盖层、基底和引出线五部分组成(见图 4-1)。敏感栅由具有高电阻率的细金属丝或箔(如康铜、镍铬等)加工成栅状,用粘结剂牢固地将敏感栅固定在覆盖层与基底之间。在敏感栅的两端焊有用铜丝制成的引出线,用于连接测量电路。基底和覆盖层通常用胶膜(有机聚合物)制成,它们的作用是固定和保护敏感栅,当应变片被粘贴在试件表面之后,由基底将试件的变形传递给敏感栅,并在试件与敏感栅之间起绝缘作用。

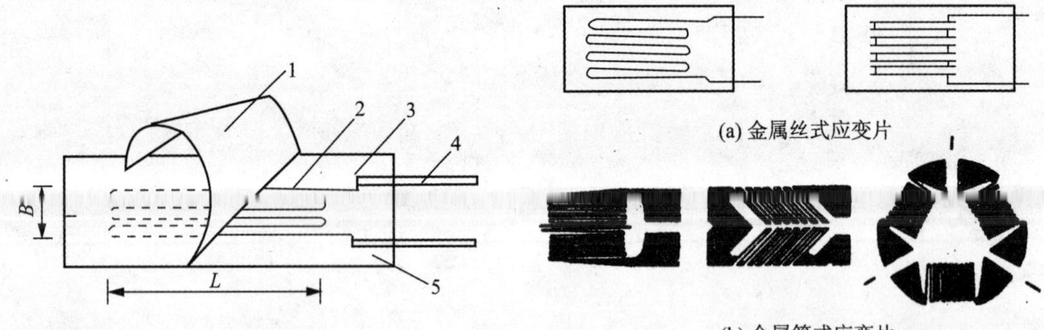

(a) 金属丝式应变片

(b) 金属箔式应变片

图 4-1

1. 覆盖层;2. 敏感层;3. 黏结剂;4. 引出线;5. 基底

图 4-2

应变片的种类很多,常用的常温应变片有金属丝式应变片和金属箔式应变片(见图 4-2),其中以箔式应变片应用最广。

2. 电阻应变片的工作原理

如果将电阻值为 R 的应变片牢固地粘贴在试件表面被测部位,当该部位沿应变片敏感栅的轴线方向产生应变时,应变片亦随之变形,其电阻产生一个变化量 ΔR。实验表明,在一定范围内,应变片的电阻变化率 $\Delta R/R$ 与应变 ε 成正比,即

$$\frac{\Delta R}{R} = K\varepsilon。 \tag{4-1}$$

式中:比例常数 K 称为应变片灵敏系数,其值由实验标定。

由式(4-1)得知,只要测出应变片的电阻变化率 $\Delta R/R$,即可确定试件的应变 ε。

3. 电阻应变花

电阻应变花是一种多轴式应变片(见图 4-3),在同一基底上,按一定角度安置了几个敏感

栅,可测量同一点几个方向的应变,它用于测定复杂应力状态下某点的主应变大小和方位。

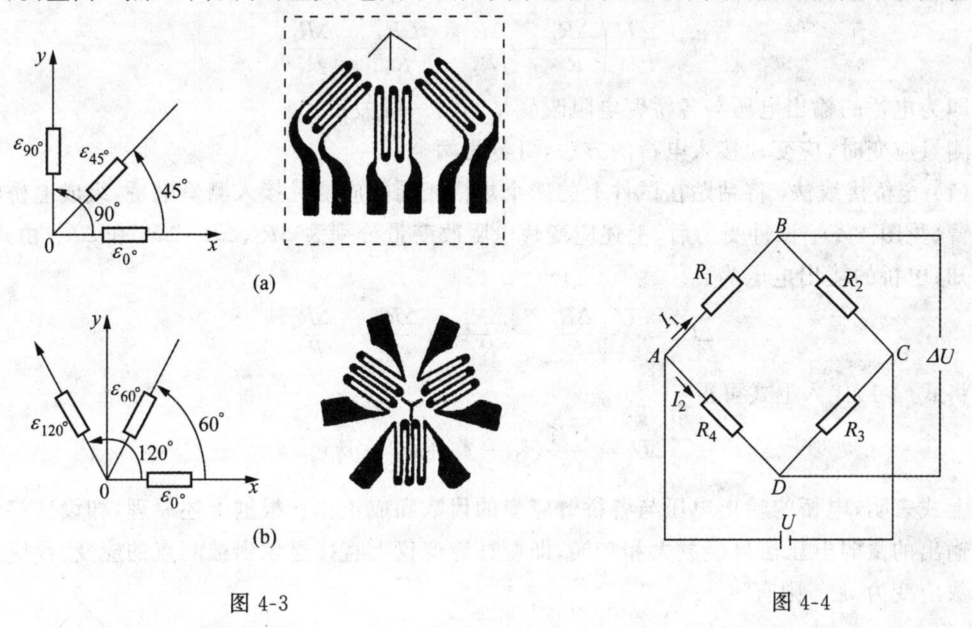

图 4-3

图 4-4

二、测量电桥

1. 测量电桥的工作原理

如图 4-4 所示,电桥四个桥臂的电阻分别为 R_1、R_2、R_3 和 R_4,A、C 端为输入端,B、D 端为输出端。

设 A、C 间的电压为 U,则流经电阻 R_1 的电流

$$I_1 = \frac{U}{R_1 + R_2},$$

两端的电压降

$$U_{AB} = I_1 R_1 = \frac{R_1}{R_1 + R_2} U,$$

同理,R_4 两端的电压降

$$U_{AD} = \frac{R_4}{R_3 + R_4} U,$$

此时,B、D 端的输出电压

$$\Delta U = U_{AB} - U_{AD} = \frac{R_1}{R_1 + R_2} U - \frac{R_4}{R_3 + R_4} U,$$

或

$$\Delta U = U \frac{R_1 R_3 - R_2 R_4}{(R_1 + R_2)(R_3 + R_4)}。 \tag{4-2}$$

当输出电压 $\Delta U = 0$ 时,称为电桥平衡。由上式可知,电桥的平衡条件为

$$R_1 R_3 = R_2 R_4。 \tag{4-3}$$

当各桥臂的电阻分别改变 ΔR_1、ΔR_2、ΔR_3 和 ΔR_4 时,则由式(4-2)可知,电桥的输出电压

$$\Delta U = U \frac{(R_1 + \Delta R_1)(R_3 + \Delta R_3) - (R_2 + \Delta R_2)(R_4 + \Delta R_4)}{(R_1 + \Delta R_1 + R_2 + \Delta R_2)(R_3 + \Delta R_3 + R_4 + \Delta R_4)},$$

经整理，化简并略去高阶小量，可得

$$\Delta U=\frac{U}{4}\left(\frac{\Delta R_1}{R_1}-\frac{\Delta R_2}{R_2}+\frac{\Delta R_3}{R_3}-\frac{\Delta R_4}{R_4}\right)。\tag{4-4}$$

上式即为电桥的输出电压与各桥臂电阻改变量间的一般关系式。

测量应变时，应变片接入电桥的方法，可分为两类：

(1) 全桥接线法。将粘贴在试件上的四个规格相同的应变片接入测量电桥，组成电桥的四个桥臂(见图 4-4)。试件受力后，上述应变片电阻改变量分别为 ΔR_1、ΔR_2、ΔR_3 和 ΔR_4，由式(4-4)可知；电桥的输出电压为

$$\Delta U=\frac{U}{4}\left(\frac{\Delta R_1}{R_1}-\frac{\Delta R_2}{R_2}+\frac{\Delta R_3}{R_3}-\frac{\Delta R_4}{R_4}\right),$$

将式(4-1)代入上式可得

$$\Delta U=\frac{UK}{4}(\varepsilon_1-\varepsilon_2+\varepsilon_3-\varepsilon_4)。$$

上式表明，电桥的输出电压与各桥臂应变的代数和成正比。根据上述原理，如设法将测量电桥输出的微弱电压信号经放大和转换，即可在应变仪上直接显示出被测点的应变。设应变仪的读数应变为 ε_{ds}。则有

$$\varepsilon_{ds}=\frac{4\Delta U}{KU}=\varepsilon_1-\varepsilon_2+\varepsilon_3-\varepsilon_4。\tag{4-5}$$

由式(4-5)可知，应变仪的读数应变为测量电桥四个桥臂应变的代数和，相邻桥臂应变的符号相异，相对桥臂应变的符号相同。

(2) 半桥接线法。如果只在测量电桥的 A、B 和 B、C 间接入应变片，而在 A、D 和 C、D 间则接入应变仪内部的两个阻值相等的标准电阻 R(见图 4-5)，在这种情况下，由于

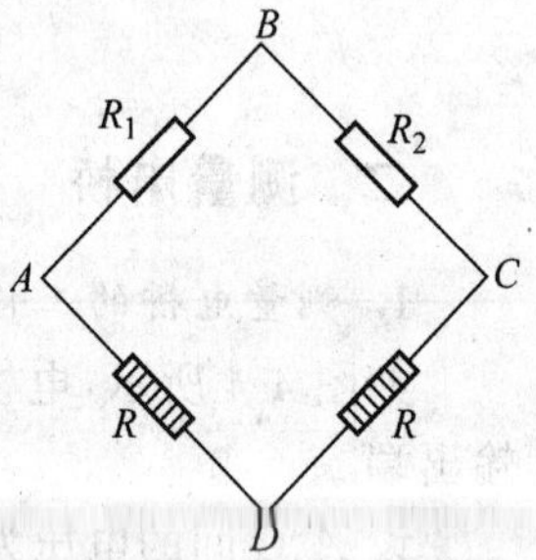

图 4-5

$$\varepsilon_3=\varepsilon_4=0,$$

于是由式(4-5)可知

$$\varepsilon_{ds}=\varepsilon_1-\varepsilon_2。\tag{4-6}$$

2. 温度补偿和温度补偿片

贴有应变片的试件总是处在某一温度场中，温度变化会造成应变片电阻值发生变化，这一变化产生电桥输出电压，因而造成应变仪的虚假读数。严重时，温度每升高 1℃，应变仪可显示几十微应变，因此必须设法消除。消除温度影响的措施，称为温度补偿。

消除温度影响最常用的方法是使用补偿片法。具体做法是用一片与工作片规格相同的应变片，贴在一块与被测试件材料相同但不受力的试件上，放置在被测试件附近，使它们处于同一温度场中。将工作片与温度补偿片分别接入电桥 A、B 和 B、C 之间(见图 4-6)，当试件受力后，工作片产生的应变

$$\varepsilon_1=\varepsilon-\varepsilon_t,$$

温度补偿片产生的应变

$$\varepsilon_2=\varepsilon_t,$$

采用半桥接线法，故由式(4-6)可知，应变仪的读数应变

$$\varepsilon_{ds}=\varepsilon_1-\varepsilon_2=\varepsilon。$$

上式表明，采用补偿片后，即可消除温度变化造成的影响。

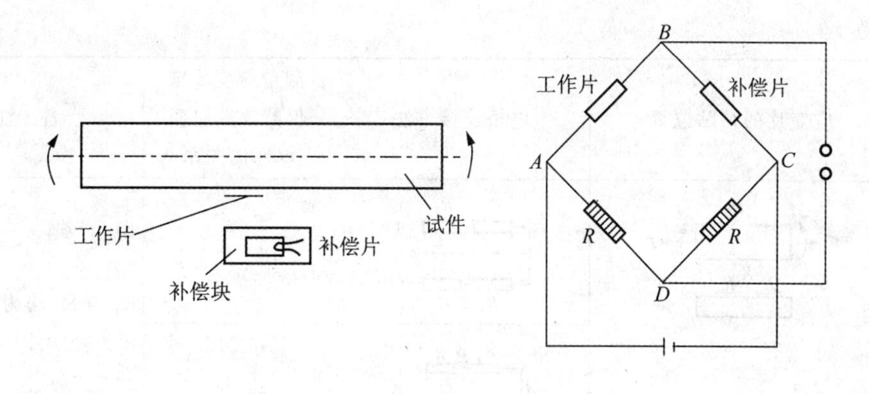

图 4-6

三、测量桥路的布置

由式(4-5)可见，应变仪读数 ε_{ds}具有对臂相加、邻臂相减的特性。根据此特性，采用不同的桥路布置方法，有时可达到提高测量灵敏度的目的，有时可达到在复合抗力中只测量某一种内力素，消除另一种或几种内力素的作用。读者可视具体情况灵活运用。表 4-1 列出了直杆在几种主要变形条件下测量应变使用的布片及接线方法。

表 4-1　常见变形情况下应变电测方法

变形形式	需测应变	应变片的粘贴位置	电桥连接方法	测量应变 ε 与仪器读数应变 ε_{ds}间的关系	备　注
拉(压)	拉(压)	F R_1 F	R_1 A B R_2 C	$\varepsilon=\varepsilon_{ds}$	R_1 工作片，R_2 为补偿片
		F R_1 R_2 F	R_1 A B R_2 C	$\varepsilon=\dfrac{\varepsilon_{ds}}{1+\mu}$	R_1 为纵向工作片，R_2 为横向工作片。μ 为材料泊松比
弯曲	弯曲	R_2 M M R_1	R_1 A B R_2 C	$\varepsilon=\dfrac{\varepsilon_{ds}}{2}$	R_1 与 R_3 均为工作片
		M M R_1 R_2	R_1 A B R_2 C	$\varepsilon=\dfrac{\varepsilon_{ds}}{1+\mu}$	R_1 为纵向工作片，R_2 为横向工作片
扭转	扭转主应变	T T R_2 R_1	R_1 A B R_2 C	$\varepsilon=\dfrac{\varepsilon_{ds}}{2}$	R_1 和 R_2 均为工作片

（续表）

变形形式	需测应变	应变片的粘贴位置	电桥连接方法	测量应变 ε 与仪器读数应变 ε_{ds} 间的关系	备　注
拉（压）弯组合	拉（压）	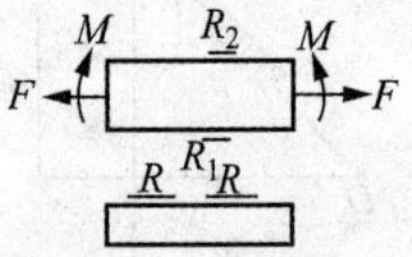	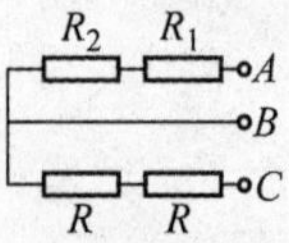	$\varepsilon=\varepsilon_{ds}$	R_1 与 R_2 均为工作片，R 为补偿片
			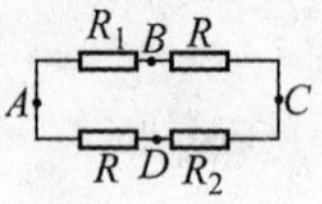	$\varepsilon=\frac{\varepsilon_{ds}}{2}$	
	弯曲	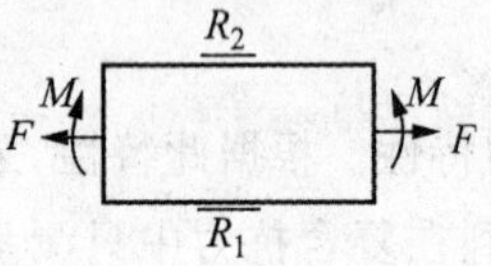	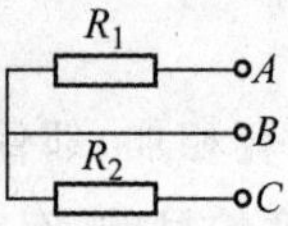	$\varepsilon=\frac{\varepsilon_{ds}}{2}$	R_1 与 R_2 均为工作片
拉（压）扭组合	扭转主应变		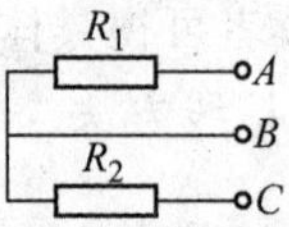	$\varepsilon=\frac{\varepsilon_{ds}}{2}$	R_1 与 R_2 均为工作片
	拉（压）	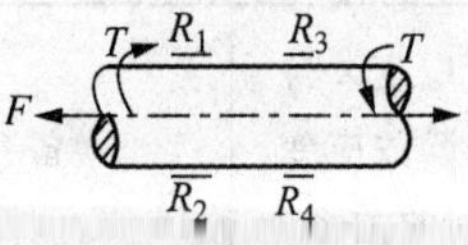	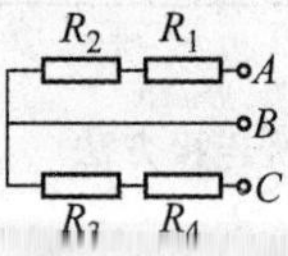	$\varepsilon=\frac{\varepsilon_{ds}}{1+\mu}$	R_1、R_2、R_3、R_4 均为工作片
			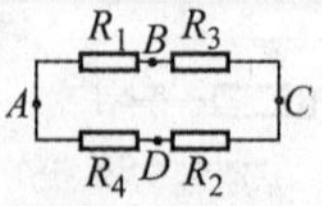	$\varepsilon=\frac{\varepsilon_{ds}}{2(1+\mu)}$	
扭弯组合	扭转主应变	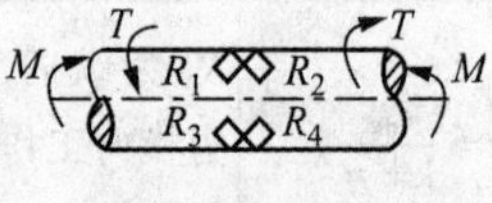	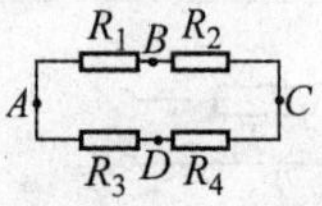	$\varepsilon=\frac{\varepsilon_{ds}}{4}$	R_1、R_2、R_3、R_4 均为工作片
	弯曲	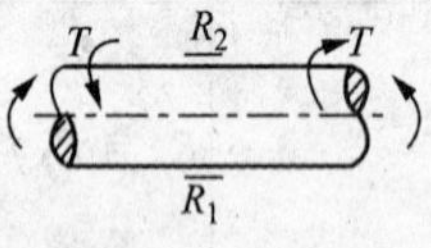	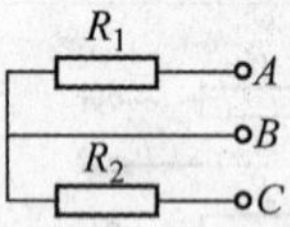	$\varepsilon=\frac{\varepsilon_{ds}}{2}$	R_1 和 R_2 均为工作片

电阻应变测试方法是用电阻应变片测定构件表面的应变，再根据应力应变关系确定构件表面应力状态的一种实验应力分析方法。测量数据的可靠性很大程度上依赖应变片的粘贴质量。好的质量应当是黏贴位置准确，粘结层薄而均匀，需要实践、总结、不断提高。

四、应变片粘贴实习

1. 实习目的

（1）初步掌握应变片的粘贴、接线、检查等技术。

(2) 认识粘贴质量对测试结果的影响。

2. 实习要求

(1) 每人一根悬臂梁，一块补偿块，两枚应变片。在悬臂梁上(沿其轴线方向)和补偿块上各贴一枚应变片(见图 4-7)。

(2) 用自己所贴的应变片进行规定内容的测试。

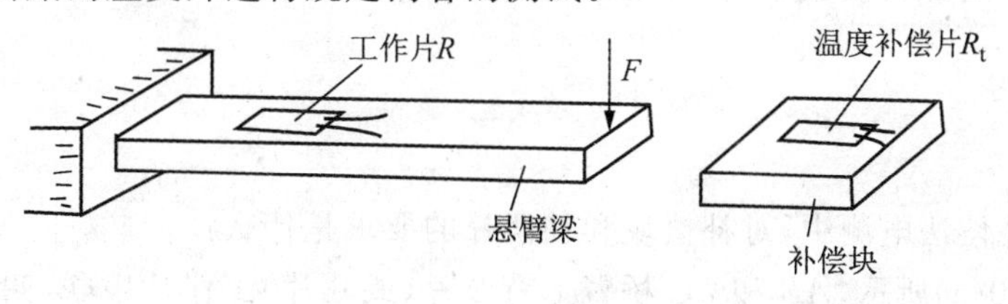

图 4-7

3. 应变片粘贴工艺

(1) 筛选应变片。应变片的外观应无局部破损，丝栅或箔栅无锈蚀斑痕。用数字万用表逐片检查阻值，同一批应变片的阻值相差不应超过出厂规定的范围。

(2) 处理试件表面。在贴片处处理出不小于应变片基底面积 3 倍的区域。处理的方法是：用细砂纸打磨出与应变片轴线成 45°的交叉纹(有必要时先刮漆层，去除油污，用细砂纸打磨锈斑)。用钢针画出贴片定位线。用蘸有丙酮的脱脂棉球擦洗干净，直至棉球洁白为止。

(3) 黏贴应变片。一手用镊子镊住应变片引出线，一手拿 502 胶瓶，在应变片底面上涂一层黏结剂，立即将应变片放置于试件上(切勿放反)，并使应变片基准线对准定位线。用一小片聚四氟乙烯薄膜盖在应变片上，用手指沿应变片轴线朝一个方向滚压，以挤出多余的黏结剂和气泡。注意此过程要避免应变片滑移或转动。保持 1～2min 后，由应变片无引线一端向有引线一端，沿着与试件表面平行方向轻轻揭去聚四氟乙烯薄膜。用镊子将引出线与试件轻轻脱开。检查应变片是否为通路。

(4) 焊线。应变片与应变仪之间，需要用导线(视测量环境选用不同的导线)连接。用胶纸带或其他方法把导线固定在试件上。应变片的引出线与导线之间，通过粘贴在试件上的接线端子片连接(见图 4-8)。连接的方法是用电烙铁焊接，焊接要准确迅速，防止虚焊。

(5) 检查与防护。用数字万用表检查各应变片的电阻值，检查应变片与试件间的绝缘电阻。如果检查无问题，应变片要作较长时间的保留，作好防潮与保护措施。

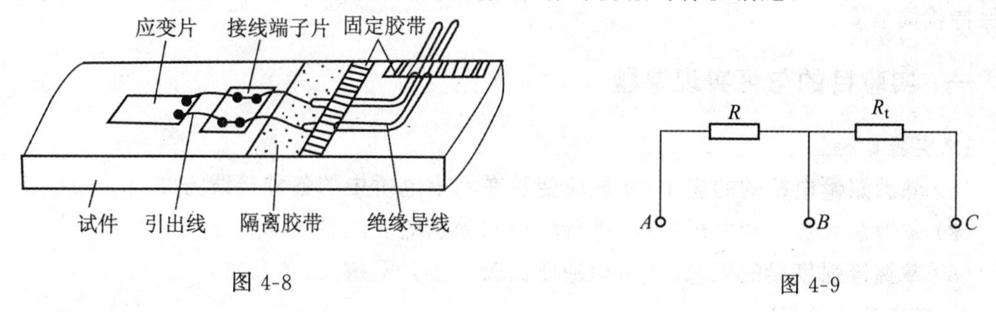

图 4-8

图 4-9

4. 实验步骤

(1) 按应变片粘贴工艺完成贴片工作。

(2) 按图 4-9 的形式接成半桥，观察是否有零漂现象。

(3) 悬臂梁加上一定载荷，记录应变仪读数，观察是否有漂移现象。

(4) 在悬臂梁的弹性范围内，等量逐级加载，观察应变仪的读数增量。

(5) 把工作片 R 和温度补偿片 R_t 在电桥中的位置互换，在相同载荷作用下，观察应变仪的读数区别。

(6) 按图 4-9 的形式接成半桥，不加载荷，用白炽灯近距离照射试件上的工作片，观察应变仪读数。

五、思考题

(1) 在温度补偿法电测中，对补偿块和补偿片的要求是什么？

(2) 如图 4-10(a)所示，AB 和 BC 桥臂上有 2 片（或几片）工作片串联，叫串联接线法。图 4-10(b)为并联接线法。若各工作片的规格相同，感受的应变也相同，这两种接线法的读数应变与图 4-5 相比是否不同？为什么？

(3) 你贴的应变片按图 4-9 接入应变仪后，是否出现：电桥无法平衡的现象？应变仪读数产生漂移的现象？产生以上两种现象的原因可能是什么？

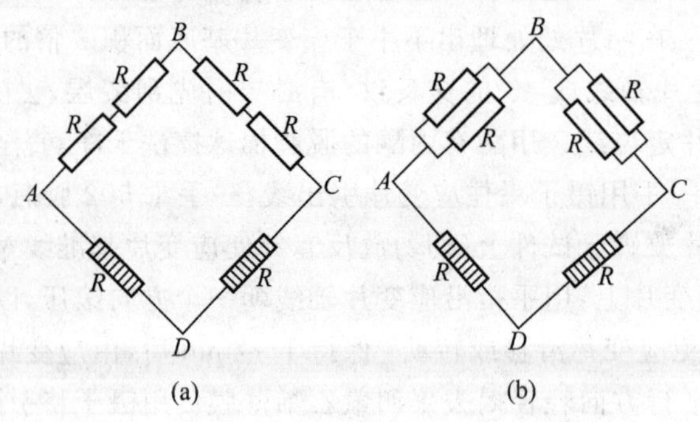

图 4-10

§4-2　等强度梁的实验研究

等强度梁是使梁的各个截面的弯矩应力相同，则应随着弯矩的大小相应地改变截面尺寸，以保持相同强度。

一、实验目的与可实现课题

1. 实验目的

(1) 熟悉测量电桥的的应用，掌握应变片在测量电桥中的各种接线方法。

(2) 掌握贴片技术和电桥原理，进行静态和动态应变测量技术。

(3) 掌握等强度梁的概念，并与理论值比较。

2. 可实现的课题

(1) 测定材料的弹性模量 E 和泊松比 υ。

(2) 测量应变片灵敏系数 K 和温度特性。

(3) 测量等强度梁在强迫振动下的动应力和动挠度。

(4) 测量等强度梁的主应力。

(5) 测定等强度梁的最大应力。

(6) 验证等强度梁各横截面上应变(应力)相等。

二、设备及装置

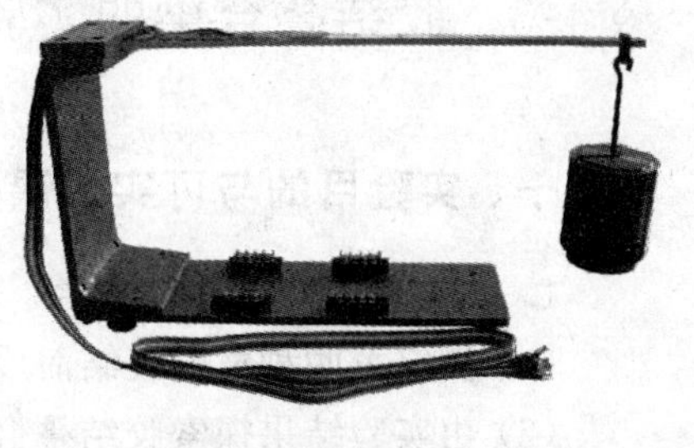
图 4-11

(1) 数字静态电阻应变仪。

(2) 等强度梁实验装置。

等强度梁实验装置的外观如图 4-11 所示,梁的尺寸如图 4-12 所示:等强度梁的有效长度为 290mm,有效长度段的斜率为 0.0765,极限尺寸(mm)为$l \cdot b \cdot h=430\times40\times5$,工作尺寸(mm)为$l_1 \cdot b \cdot h=370\times40\times5$。其中 l_1 为荷重支点到梁固定端的距离,b 为固定端支承处的宽度。

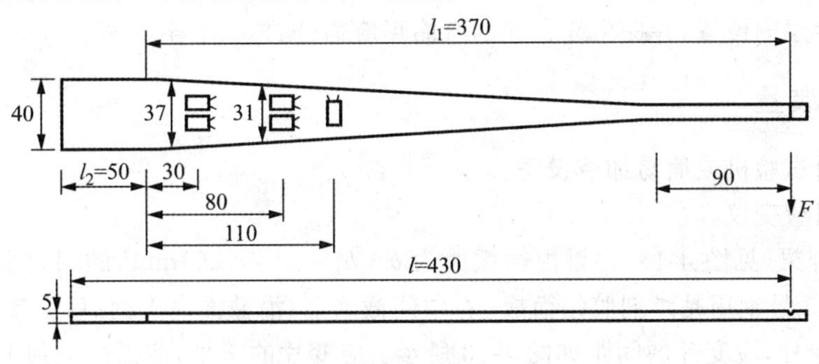

图 4-12

梁材料的弹性模量 $E=190\sim210\text{GPa}$,泊松比 $\mu=0.26$。

实验装置配有 4 个砝码,每个砝码的重量为 5N,即最大加载载荷为 20N。

三、实验步骤

(1) 确定实验目的。

(2) 根据实验目的和要求,结合理论知识,确定理论公式与实测公式;设计测量电桥接线方案,确定粘贴电阻应变片位置。

(3) 按照设计的接线方案将粘贴好的电阻应变片接入应变仪,调整各测点为零。

(4) 设计实验加载方案和操作步骤,注意估算梁在弹性阶段工作的最大载荷保证梁不产生塑性变形,调整加载位置,进行实验。

(5) 记录相关数据,保证实验数据的准确与可靠。

四、实验报告及要求

(1) 实验报告:实验目的、实验设备、实验原理与方案和表格化的实验数据。

(2) 报告内容:作测量电桥接线图;作实测应变、应力的分布图并讨论其特征。

(3) 根据应变、应力分布规律构建等强度梁的力学模型,导出理论公式;根据实测电桥接线图导出实测公式。

(4) 将记录的实验数据，用线性拟合法和平均法进行处理。并将理论公式与实测公式计算出的结果加以比较与分析。

§4-3　胶结叠合梁的实验研究

一、实验目的与可实现课题

1. 实验目的

(1) 测定由两种材料胶结而成的叠合梁的正应力分布规律。

(2) 由实验结果探索胶结叠合梁的弯曲正应力计算公式。

2. 可实现课题

(1) 弯曲部分任一截面上正应力分布和应变分布。

(2) 测定中性层的位置，并提出复合梁的弯曲正应力公式。

二、设备及装置

(1) 万能材料试验机或简易加载设备。

(2) 数字电阻应变仪。

(3) 胶结叠合梁(见图 4-13)。梁由横截面为 $b \cdot h_1=(16\times26)\mathrm{mm}^2$ 的铝合金和 $b \cdot h_2=(16\times26)\mathrm{mm}^2$ 的 45 号钢用粘结剂胶结而成。在中间截面上，沿截面高度前、后面各布置八枚平行于梁轴线的应变片，应变片的间距如图 4-13 所示。应变片的编号，前面由上到下为 1～8，背面为 2′～7′。

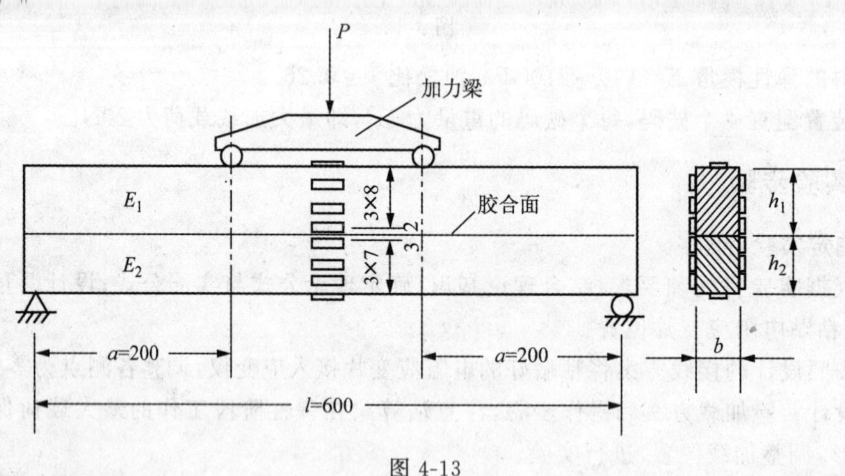

图 4-13

三、实验步骤

要求独立制订实验方案。在尚未获得理论计算公式之前，还难以估算保证梁在弹性阶段工作的最大载荷。所以加载必须慎重，不允许产生塑性变形。此外，所得数据应该是准确的和可靠的，应采取什么办法来检验？

四、实验报告及要求

（1）实验报告应包括：目的、装置、实验方案和表格化的实验数据。

（2）作实测应变、应力的分布图，并讨论其特征。

§4-4 槽钢梁的实验研究

一、概述

为了充分发挥材料的有效作用，或减轻构件的重量，在机械结构中，尤其在航空、航天、船舶结构中，薄壁构件得到了广泛的应用。薄壁构件的变形和应力情况与一般实心的杆、轴、梁等有所不同，情况比较复杂。本实验通过对槽钢截面（只有对称面的）梁作用不同，产生两种或两种以上基本变形组合时，揭示其中的某些现象，找出弯曲中心。

二、实验目的与可实现课题

1. 实验目的

（1）用电测法测定槽钢薄壁型材在不同受力方式作用下，指定截面上指定点的应力值，并与理论值进行比较。

（2）了解非圆截面杆件的扭转是由自由扭转和约束扭转组成。

（3）理解和掌握斜弯曲、弯曲中心的概念。

（4）了解和掌握开口薄壁杆件受力后切应力分布规律，并与理论值进行比较。

2. 可实现课题

（1）用电测法确定截面剪心（弯曲中心）的位置 e_z。

（2）用电测法确定载荷作用于剪心时，K 截面的上下翼缘外表面中点和腹板外侧面中点的弯曲切应力。

（3）用电测法确定载荷作用于剪心时，K 截面的上下翼缘外表面中点和腹板外侧面中点的弯曲主应力。

（4）利用所测实验数据计算抗弯截面系数 W_z。

（5）用电测法确定载荷作用于腹板中线时，K 截面的上下翼缘外表面中点和腹板外侧面中点的扭转切应力。

（6）由实验数据说明圣维南原理，并研究本实验装置的固定端约束对弯曲正应力的局部影响范围。

三、实验设备

实验装置如图 4-14 所示，主要由装置基座、槽钢梁试件、测力仪、力传感器、加载定位机构和加载机构组成。通过调节加载定位机构的螺栓可以准确定位集中载荷 F 的作用点，测力仪读数单位是 N（牛顿），最大加载载荷为 1kN。槽钢梁试件的尺寸和受力简图如图 4-15 所示。

四、实验步骤

（1）确定实验目的。

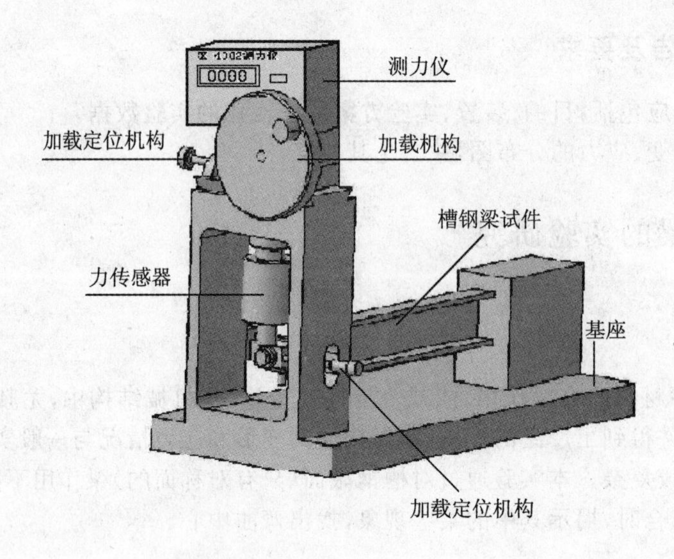

图 4-14

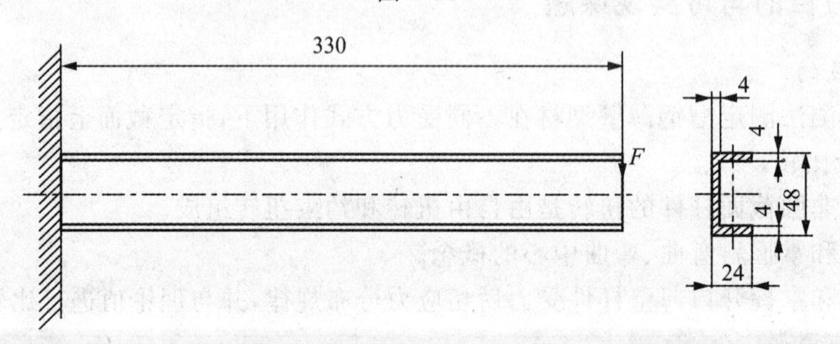

图 4-15

(2) 结合书本理论知识，确定理论公式和实测公式，独立制定实验方案。注意估算梁在弹性阶段工作的最大载荷，保证槽钢梁不产生塑性变形。

(3) 根据实验目的和方案，粘贴电阻应变片，按预定方案接桥。

(4) 调整加载位置，加载并记录相关数据，保证所得数据的准确和可靠。

五、实验报告及要求

(1) 实验报告应包括：目的、装置、实验方案和表格化的实验数据。

(2) 作实测应变、应力的分布图，并讨论其特征。

(3) 根据应变、应力分布规律，构建槽钢梁的力学模型，导出正应力计算公式。

(4) 把按公式计算的结果与实测值比较，如各点皆吻合较好(例如误差均小于 5%)，则公式成立。若个别点误差较大，应讨论其原因或对公式进行修正。

第5章　实验设备及仪器

§5-1　液压式万能试验机

一、构造原理

这是最常见的一种试验机。该机的外形如图5-1所示，其构造原理如图5-2所示。

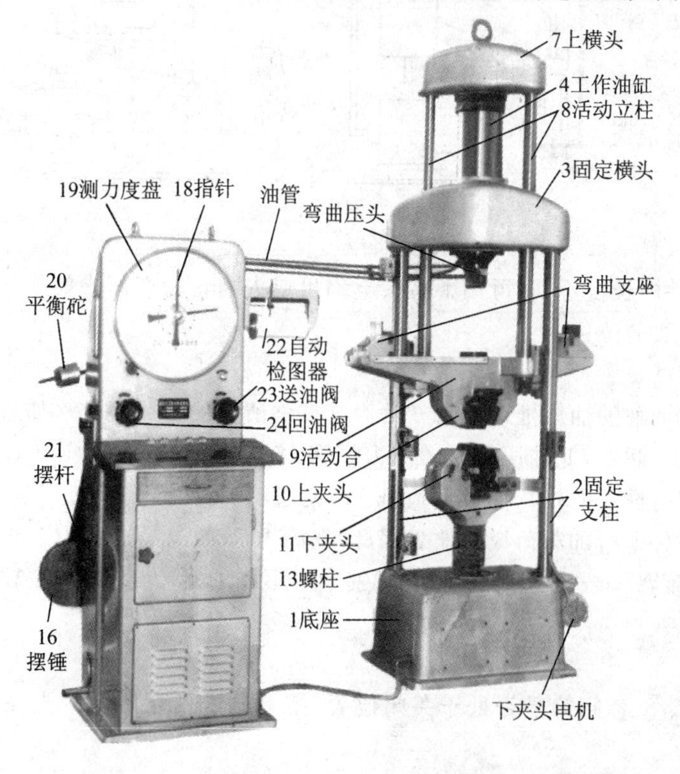

图5-1

1. 加载部分

在机器的底座上，装有两个固定立柱2，它支承着固定横头3和工作油缸4。开动油泵电动机带动油泵5工作，将油液从油箱经油管(1)和油阀送入工作油缸，从而推动工作活塞6，上横头7活动立柱8和活动台9上升。若将试件两端夹在上下夹头10和11中，因下夹头固定不动，当活动台上升时试件承受拉力。若把试件放在活动台上下垫板之间，当活动台上升到试件与上垫板接触时试件就承受压力。输油管中的送油阀门用来控制进入油缸的油量，以调节对试件加载的速度。加载时的回油阀置于关闭位置。回油阀打开时，则可将工作油缸中的油液泄回油箱，活动台由于自重而下降，回到原始位置。

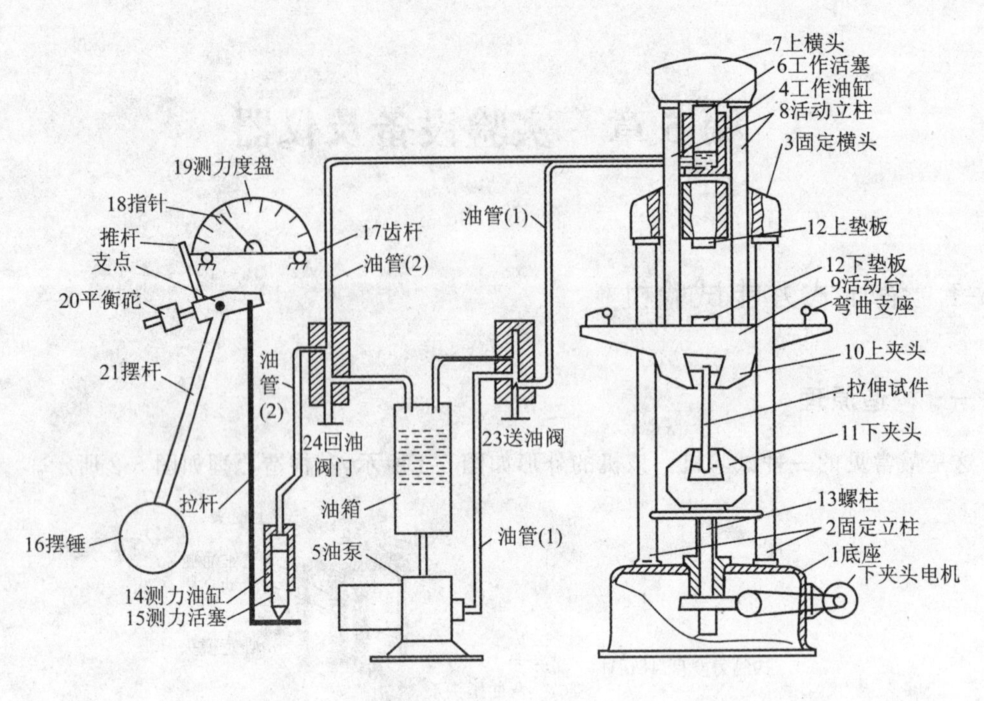

图 5-2

如果拉伸试件的长度不同，可用下夹头电动机或人力转动底座中的蜗轮，使螺柱 13 上下移动，调节上下夹头的位置。

2. 测力部分

加载时，工作油缸的油压推动活塞 6 的力与试件所受的力成正比。如果油管用(2)将工作油缸和测力油缸 14 联通，此油压便推动测力活塞 15 向下移动，使拉杆拉动摆锤 16，使之绕支点转动而抬起，同时摆上的推杆便推动齿杆 17，使齿轮和指针 18 旋转。指针的旋转角度与油压成正比，亦与试件上所加载荷成正比。因此，在测力盘 19 上，便可读出试件受力的大小。

试验机测力度盘一般设有三种刻度，分别表示不同的测力量程，要注意更换摆锤的重量，与之适应。

3. 操作步骤

(1) 检查油路上各阀门是否处于关闭位置，换上与试件相匹配的夹头，保险开关应当有效。

(2) 选择测力度盘。根据试件所需最大载荷，装上相应的摆锤。同时调整好相应的缓冲器，以保证卸载(泄油)时或者试件断裂时使摆锤缓慢回落，避免撞击机身。

(3) 装好自动绘图器的传动装置、笔和纸等。

(4) 开动试验机，检查该机各部分是否处于正常运动。然后打开送油阀门，向工作油缸中缓慢输油。待活动台升 1cm 左右，将送油阀关到最小，并按上述方法，调整测力指针对准零点。加载时，测力指针随着载荷增加而带动随动指针一起转动；当卸载或试件断裂时测力指针迅速退回，而随动针停留不动，指示出卸载时或断裂时的最大载荷值。

(5) 安装试件。压缩试件必须放置在垫板上，拉伸试件则须调整下夹头位置，使上、下夹头之间距离与试件长度相适合后再将试件夹紧。此时就不能再调整下夹头了。

(6) 实验完毕，关闭送油阀并立即停车。然后取下试件，缓慢打开回油阀，将使活动台回至原始位置，并使一切机构复原。

二、注意事项

操纵者必须遵守该机的操作规则。

(1) 开车前和停车后，送油阀一定要置于关闭位置。加载、卸载和回油均需缓慢进行。

(2) 拉伸件夹住后，不得再调整下夹头的位置。

(3) 机器开动后，操作者不得擅自离开。实验过程中不得触动摆锤。

(4) 使用时，听见异声或发生任何故障应立即停车。

§5-2 机械式拉力试验机

LJ-5000 型机械式拉力试验机外观如图 5-3 所示，工作原理如图 5-4 所示。

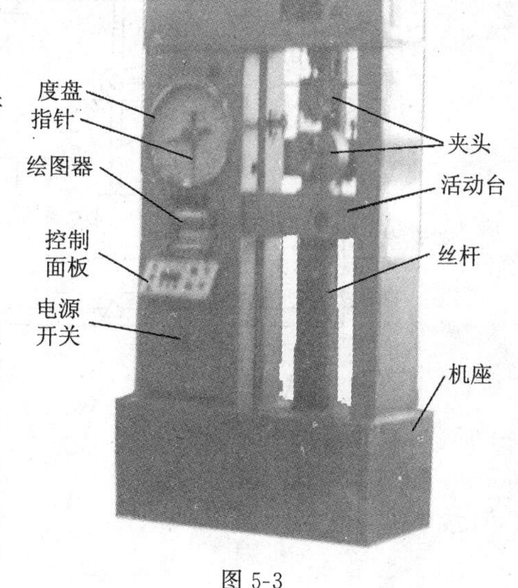

图 5-3

一、加载部分

1. 机动加载

机动加载传动是采用可控硅直流电机无级调速系统。此时，双向啮合器 30，在弹簧 27 及自重作用下与下端齿轮 25 啮合，主电机 22 为直流电动机通过一齿轮副后，再由蜗轮蜗杆传给齿轮 23、24，经减速轴传给齿轮 25、26 再经齿轮 33 而带动固定在齿轮 19 上的螺母旋转，而使丝杆 20 作上下移动便带动下卡持器 12 将载荷加于试样上。

2. 快速调位

快速调位由操作台的调位按钮控制，按下按钮，直流电动机 22 和电磁铁 29 即动作，使双向啮合器 30 向上与蜗轮 32 端齿啮合，运动便直接由齿轮 33 输出，而带动固在齿轮 19 上的螺母筒旋转，使丝杆 20 及下夹头 12 及自垂作用下离开蜗轮端齿啮合，实现机动加载和快速调位在机械结构的互锁。

3. 手动加载

手把 16 摇动蜗轮杆 15 带动蜗轮 14 通过链连接而同时使丝杆 20 旋转，此时比丝杆边转而又作上下位移，带动卡持器 12 把载荷加于试件上。这种加载，其大小可由人手精确控制。

二、测力系统

作用于卡持器 2 上拉力经主丝杆 1(其杠杆比为 1/15)，通过拉杆 42 而作用于第二级杠杆，也称反向杠杆 35(其杠杆比为 1/4、1/2、5/4)。至此，卡持器上之拉力经两级杠杆之缩减，最后经接杆 49 作用于摆锤机构之力臂刀子上而使摆锤扬起，形成平衡力矩。摆锤扬起时水平滚动之小车 7 在弹簧 5 的作用下而向左水平滚动，相应之距离即为绘图筒上的力值坐标。小车上还装有牵动指针 44 转动之细钢绳。为此小车的水平位移即能通过指针 45 反映于刻度盘 46 上读出相应之力值。本试验机刻度盘最大负荷分为：0～1000kg、0～2500kg、0～5000kg 三级，在

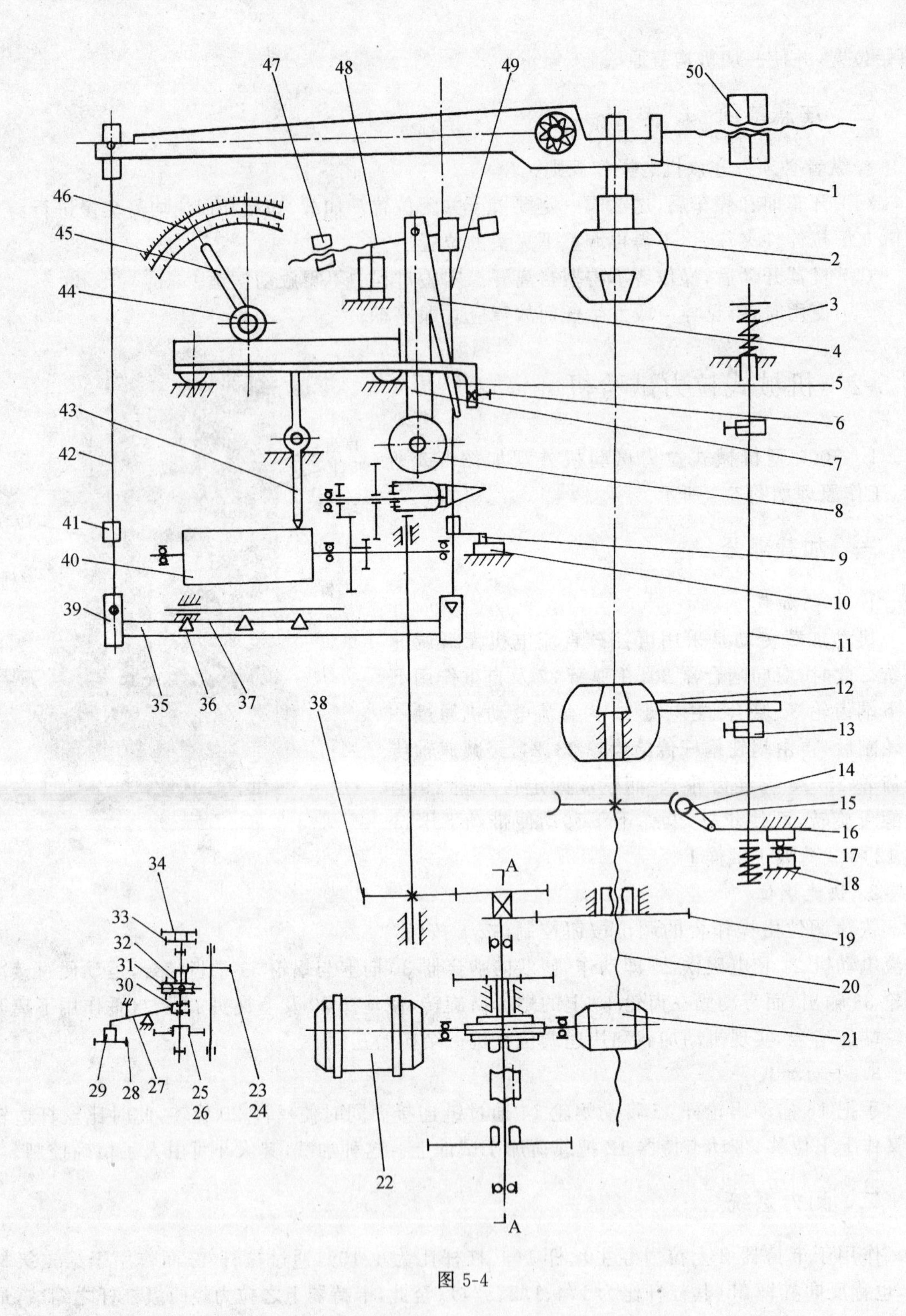

图 5-4

选用不同之负荷范围时，需相应移动刀垫 37。

三、记录绘图系统

绘图筒 40 其水平方向为力值坐标，绘图笔 43 由小车 7 带动，指针由零载至满载刻度，小车7便移动150mm，为此，绘图筒力值坐标的最大记录长度也为150mm。变形坐标(即绘图筒的旋转)，由加载传动系统中之螺母筒通过齿轮组而带动。

四、操作步骤及注意事项

(1) 使用前必须检查电器各部分动作是否正常，特别是超负荷停车钮上下行程开关必须灵敏可靠。

(2) 测力系统各着力点及活动部分必须接触良好，活动灵活，不得有卡滞现象，测力系统之零位调整必须良好。

(3) 选择负荷范围必须移动刀承37至相应位置。

(4) 使用前必须检查摆锤之缓冲油缸是否作用可靠。

(5) 实验过程中需要改变电机旋转方向时，必须按动停止按钮，过1s后再按动另一个方向的工作按钮以保证机器正常工作，延长机器使用寿命。

(6) 在试验过程中不可用快速调位速度进行实验，以免电机烧坏。

§5-3 电子万能试验机

电子万能试验机是一种把电子技术和机械传动很好结合的新型加力设备。它具有准确的加载速度和测力范围，能实现恒载荷、恒应变和恒位移自动控制，也有低周循环载荷、循环变形和循环位移的功能。配用计算机后，使得电子万能试验机的操作自动化、试验程序化程度更高，操作更为便捷。拉伸试验载荷-变形曲线或其他试验曲线均可直接准确地在x-y函数记录仪上绘出，或者由计算机屏幕直接显示和打印试验曲线及试验结果。电子万能试验机一般为门式框架结构，从试验空间上又分为单空间试验机(拉伸试验和压缩试验在一个空间进行)和双空间试验机(拉伸试验和压缩试验分别在两个空间进行)。目前，电子万能试验机的型号繁多，形式多样，结构也不尽相同。但各类电子万能试验机的工作原理和操作方法都基本相同，主要有主机、电控系统、夹具及微机软件四部分组成。现以我国生产的CSS-1100系列试验机为例进行简要介绍，其外形如图5-5(a)所示，构造原理如图5-5(b)所示。

一、加载系统

加载系统由上横梁、两根滚珠丝杠、活动横梁、夹具、伺服电机、传动系统以及驱动控制单元组成。根据不同的试验目的，将试样装夹在适当的夹具中。驱动控制单元发出指令，伺服电机驱动齿轮箱带动滚珠丝杠转动，使活动横梁上下移动，给试样施加载荷。

驱动控制由主机上的操作板(见图5-6)和计算机上试验软件的速度控制单元组成(见图5-7)。手动控制盒上的“上升”、“下降”、“停止”按钮的功能和试验软件的速度栏上“向上移动”、“向下移动”、“停止”的作用相同，它们是相互联动、控制着活动横梁的移动方向及快慢和停止状态，其中试验软件的速度栏中速度可通过“滚动条”或“移动速度”设置，在0～500mm/min的范围内任意调节，操控性和便捷性更好。手动控制盒上的电源指示灯亮表示主机处于开机状态，灯灭表示主机处于关机状态。试样保护键用于消除试样在夹持过程中的初夹力。运行键与试验软件上的“试验运行”按钮功能相同，按下此间键后试验机将按预先设定的试验方案进行试验。

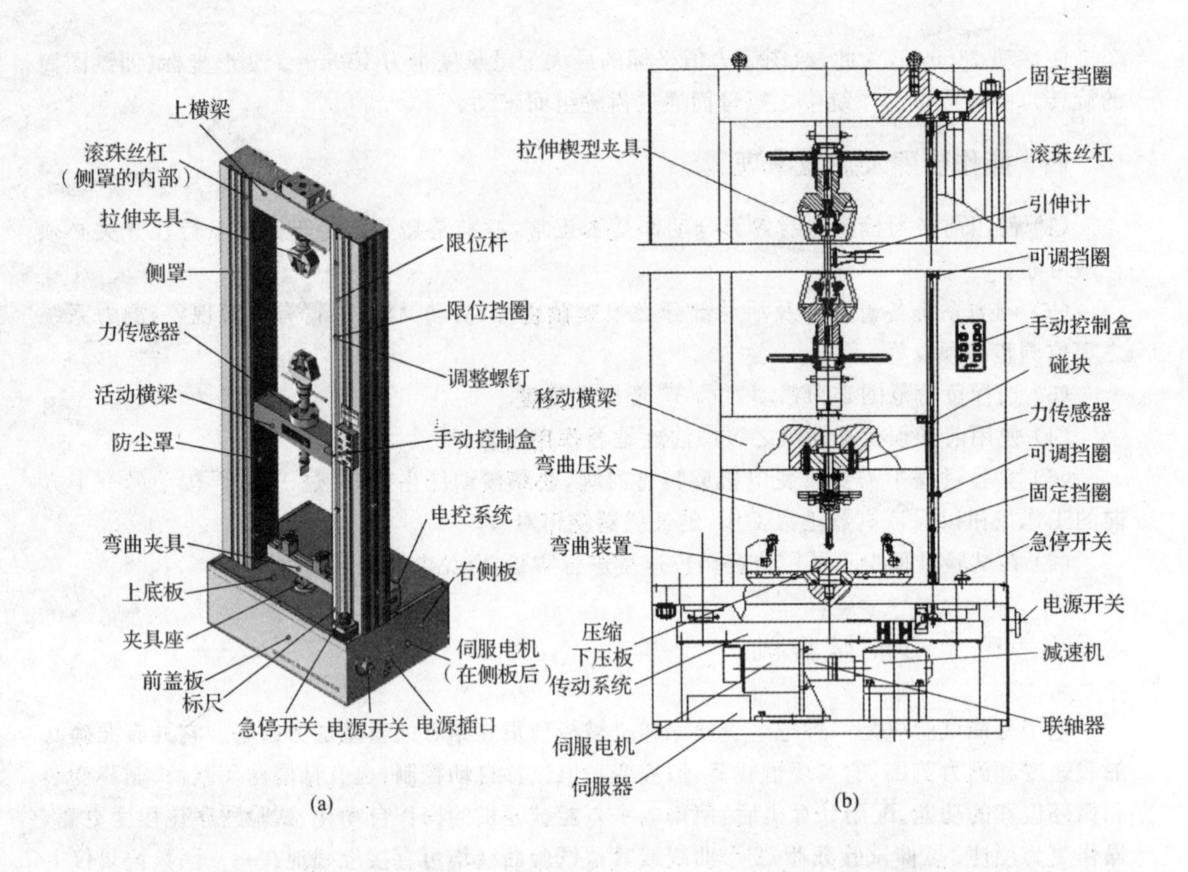

图 5-5

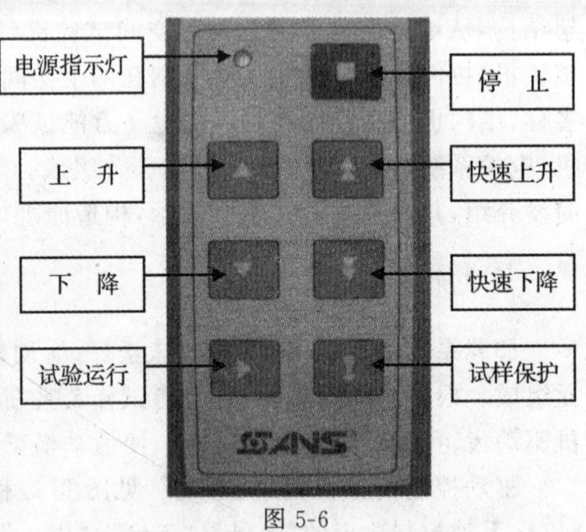

图 5-6

该试验机具有限位保护、超载保护、冲撞保护和急停等自我保护功能，一旦活动横梁到达预定位置，或试验载荷达到预先设定的最大工作载荷时，试验机将立即自动停止活动横梁的运动，可最大限度的防止由误操作引起的设备损坏。其中超载保护、冲撞保护功能只有在试验软件启动的情况下起作用，故应在试验机主机与计算机联机，并且启动试验软件的情况下进行相关的试验操作。设备的上底板右侧有一个急停开关，当设备失控或出现其他紧急情况时，可快速按下此开关，切断主机的电源，试验中止，此时电源指示灯熄灭，顺时针旋转急停开关可解除急停状态，电源指示灯重新亮起，主机恢复正常工作状态；需要注意的是，主机从急停状态到解除急停状态，其时间间隔不应小于 1min。

二、测量系统

电子万能试验机的测量系统包括载荷测量、变形测量和位移测量。测量系统的原理如图 5-8 所示。伺服电机驱动活动横梁运动，使试样受载荷作用，同时将活动横梁的位移传递给位

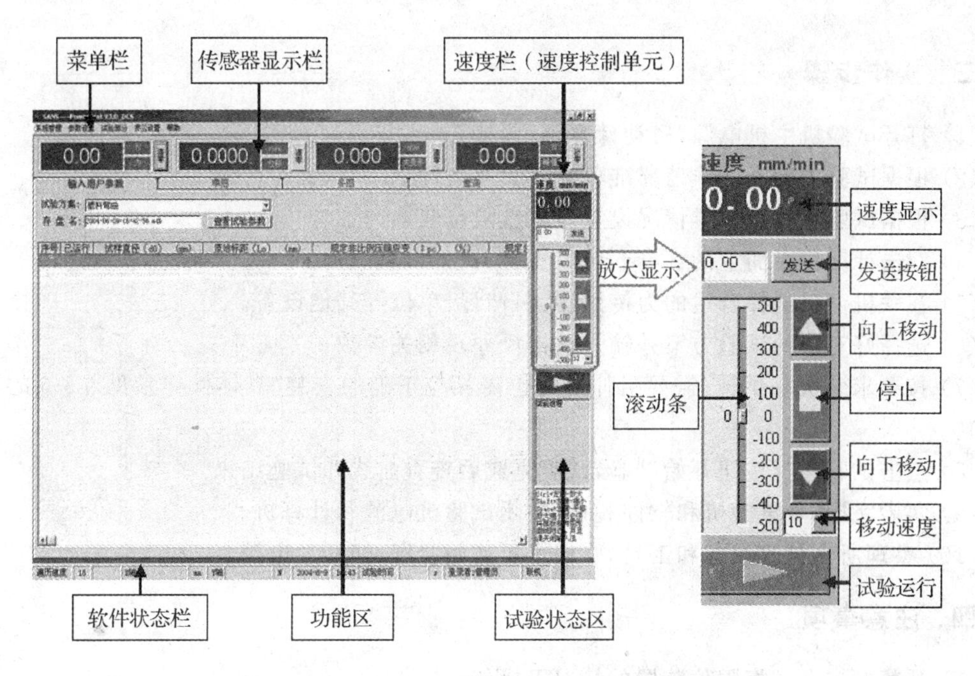

图 5-7

移传感器；试样将受力通过夹持装置（夹具）传递给力传感器，并且带动变形传感器（电子引伸计）同步发生相应变形；三路传感器产生信号经过放大和 A/D 转换上传给计算机；由光电编码器测量的电机转速和转向信号上传计算机，计算机将对各信号进行分析处理，检测主机的运行状态及时发出对运行机构的控制指令，同时纪录整个试验过程，最终得出测量结果，然后将结果编制成报告直接在计算机上显示或打印出来。

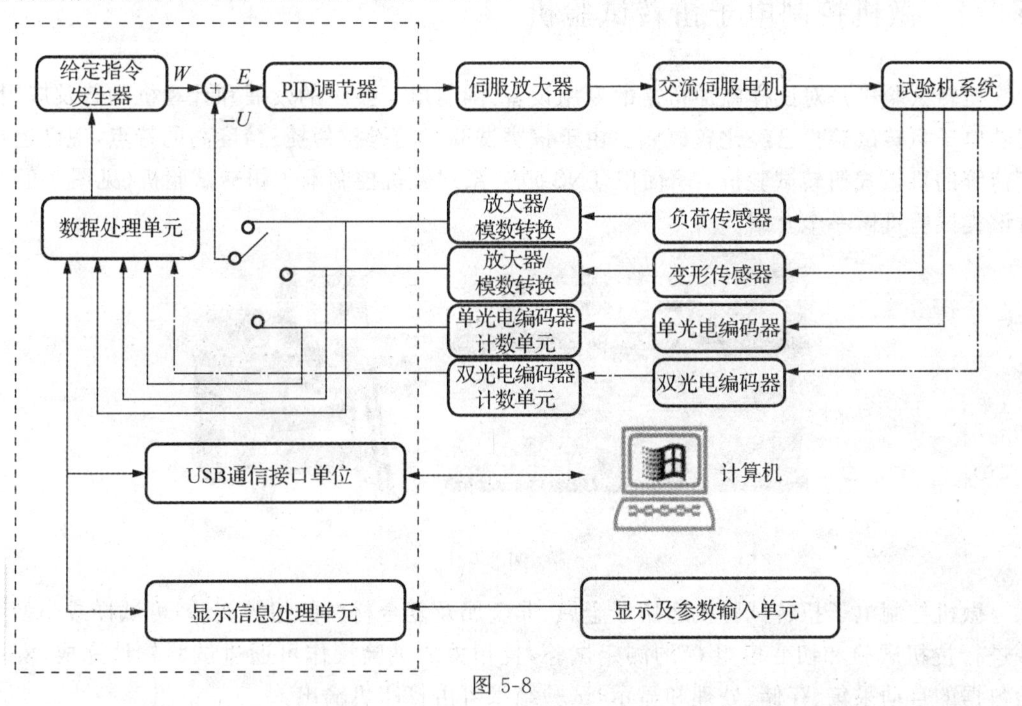

图 5-8

三、操作步骤

(1) 打开试验机主机电源，启动计算机，预热 5min。

(2) 根据试验内容和试样情况准备好夹具及附件。

(3) 根据试验夹具及试样情况设置好机械限位装置。

(4) 双击计算机桌面上的“Powertest”图标，进入试验软件。

(5) 在联机窗口选择合适的力传感器、引伸计、单位等其他设备。

(6) 选择好对应的试验方案并输入试样尺寸及相关参数。

(7) 按要求装夹好试样，需要引伸计时也需相应正确的安装(具体操作参见 § 5-6 的相关内容)。

(8) 点击试验运行按钮开始试验，试验完成后查看曲线和试验结果。

(9) 实验完毕，将试验机和软件脱机，关闭试验机电源和计算机。

(10) 整理所有试验设备和工具，一切恢复初始状态，切断总电源。

四、注意事项

(1) 严禁在未调试好限位装置的情况下操作。

(2) 在试验过程中或横梁运行时操作员要精力集中，严禁做无关的事情或离开现场。

(3) 严禁手指放入夹具的两个钳口之间。

(4) 若遇紧急情况，立即按动主机上红色急停开关紧急停机。

(5) 试验人员离开现场则必须要关闭主机和电脑电源。

§ 5-4　微机控制电子扭转试验机

扭转试验机是对试样施加扭矩的专用设备。随着电子技术的发展和计算机的普及应用，我国的电子扭转试验机已经比较成熟。由于该类试验机的操控便捷、精度高的特点，现已逐步取代传统的机械式扭转试验机。下面以 TNS-DW 系列微机控制电子扭转试验机(见图 5-9)为例对该类试验机做一个介绍。

图 5-9

微机控制电子扭转试验机适用于金属、非金属及复合材料的扭转实验，可试样或小型零部件进行抗扭试验和切变模量 G 的测定试验，且相关的试验操作可通过试验软件完成，实现试验数据的自动采集、存储、处理和显示，试验结果可由打印机输出。

一、结构原理

电子扭转试验机的主机由加载机构、测力单元、显示器、试验机附件(标定装置)等组成,如图 5-10 所示。

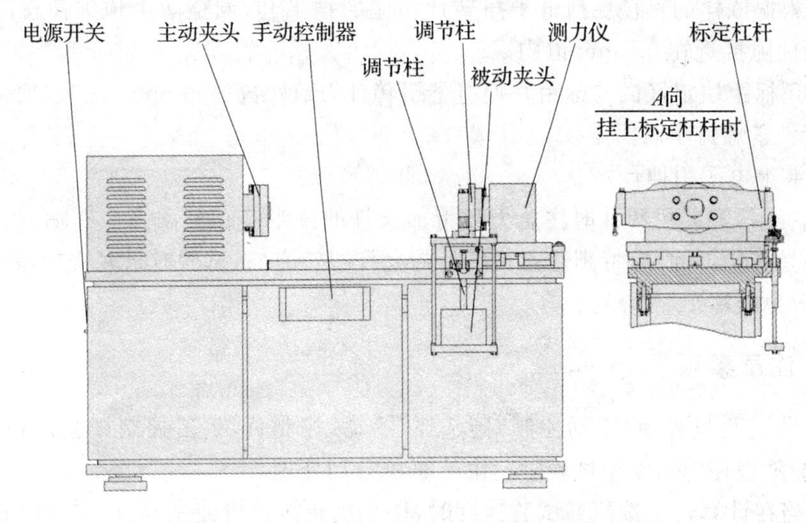

图 5-10

电子扭转试验机的加载机构安装在导轨上,由伺服电机的驱动,通过减速器使主动夹头旋转,对试样施加扭矩。试验机的正反加载和停车,可通过手动控制盒或计算机进行控制。为了适应各种材料扭力试验的需要,试验机具有较宽的调速范围,可进行 0~540 度/min 无级调速。试验机的测力单元通过夹头传来的力矩经传感器的处理输出,计算机同步采集保存并显示出来。试验机的电气部分由拖动系统和测量控制部分组成,通过计算机和相应的试验软件可实现各种控制、显示、数据采集处理、曲线的绘制、试验结果储存、实时显示试验曲线等。

二、试验机的使用与操作

(1) 打开计算机,进入扭转试验软件界面。

(2) 打开(按下)手动控制盒上的伺服启动按钮,启动伺服控制系统,预热 5min。

(3) 根据试验目的编写或调入相应试验的方案。

(4) 进入试样信息界面,输入测量好的试样尺寸等信息,确认无误后,按【确认】按钮,进入试验操作界面。

(5) 调整主动夹头角度,使其和被动夹头的角度一致,装夹好试样。

(6) 将扭矩、转角等调零,按【实验开始】按钮,开始试验,试验机自动开始试验曲线和相关数据的记录。

(7) 试验完成后试验机自动停止,亦可人工按【停止】按钮结束试验。

(8) 按快捷按钮【保存】,保存整个试验过程所记录的数据。

(9) 按【数据处理】进入数据处理界面,进行数据分析处理、报告打印等。

(10) 试验结束,关掉试验机主机电源,退出试验软件,关闭计算机,整理试验现场。

三、电子扭转计

电子扭转计是安装在扭转试样上用来精确测量试样扭转角的仪器，主要由铜半套和电子引伸计组成，配合电子扭转试验机使用。具体安装方法如下：

(1) 根据试样的直径更换电子扭转计相应的铜半套，调整两个顶尖使得电子扭转计两半圆的平面间隙接近在 0.5mm 以内。

(2) 用标距块定好试验标距并使电子扭转计刀口距离约为 6mm 左右，使得两刀口垂直向下时拧紧锁紧螺钉予以固定。

(3) 装上电子引伸计。

特别提示：安装扭转计时注意刀口带加长杆的一半装在被动夹头一端；当使用扭转计时，应在断电是安装拆卸，应特别注意扭转计的允许扭转方向，试验时只允许扭转计刀口距离增大(反转)，避免损坏！

四、注意事项

(1) 若试验过程为“手动控制”则选择“手动”控制页，手工控制试验过程。若为“自动程控”，则选择“程控”页，整个试验过程由计算机自动处理。

(2) 当在计算机上选择好试验速度时，按正反转按钮可使主动夹头旋转(逆时针旋转为正转，顺时针旋转为反转)。

(3) 若试验时使用扭转计，随时可人工取下扭转计，亦可由计算机自动提示后取下扭转计。

(4) 当试验过程出现异常时，可按下红色急停按钮停止运行，顺时针旋转急停按钮解除，卸载后取下试样。

(5) 每次使用前应将导轨擦拭干净，并加润滑油润滑。

(6) 试验机应至少每年标定一次。

§5-5 电阻应变仪

电阻应变仪是用来测量粘贴在构件上的电阻应变片在外力作用下产生应变的仪器。按所测应变的不同，可分为静态电阻应变仪、动态电阻应变仪及静动态电阻应变仪。不论哪一种应变仪，其工作原理都是基于电桥工作之上。一般都由测量桥、读数桥(均为惠斯顿电桥)、放大器、振荡器、相敏检波器、显示仪表和电源等部分组成，其框图如图 5-11 所示。

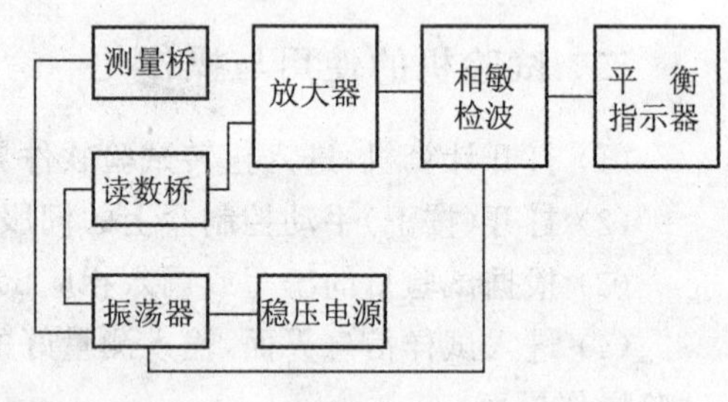

图 5-11

一、应变仪主要部分功能

1. 双电桥

构件受力变形后，粘贴在构件上的应变片随测点处的材料一起变形，应变片由原来的电阻 R 改变为 $R+\Delta R$(若为拉应变，电阻丝长度伸长，横截面积减小，电阻增加)。由实验得知：单位电阻的改变量 $\Delta R/R$ 与应变 ε 成正比，即

$$\frac{\Delta R}{R}=K\varepsilon。\tag{5-1}$$

式中:K 为应变片的灵敏系数,它与电阻丝的材料及绕制形式有关,K 值在应变片出厂时由厂方标明,一般为 2 左右。

一般的静态应变仪采用双桥路零读数法结构,如图 5-12 所示。它由测量桥和读数桥组成。两电桥的供桥电源由同一振荡器供给相同的桥源电动势 E。双电桥的输出端 E、F 串接放大器的输入口。在测试前,即构件未承载时,测量桥和读数桥均处于平衡,也就是 $\Delta U_0=0$,$\Delta U'_0=0$,那么双电桥的输出电压 $\Delta U=0$(见图 5-12(a)),所以与放大器相连的平衡指示器的电表指针保持零位。在测试时,即构件变形后,测量桥就产生不平衡电压 ΔU_0,该电压使双电桥输出电压不再为零(见图 5-12(b)),经放大器放大后使平衡指示器的电表指针偏离零位。此时调节读数桥各桥臂的电阻,使得读数电桥输出一个大小与 ΔU 相等,极性与之反向的电压 $\Delta U'_0$,这样双电桥输出电压 ΔU 重新为零,则平衡指示器指针重新恢复零位,则按应变刻制的读数电桥臂滑动变阻器的电阻,即可测出构件表面的应变值来。这种读数方法,称为零读数法。具体推导如下。

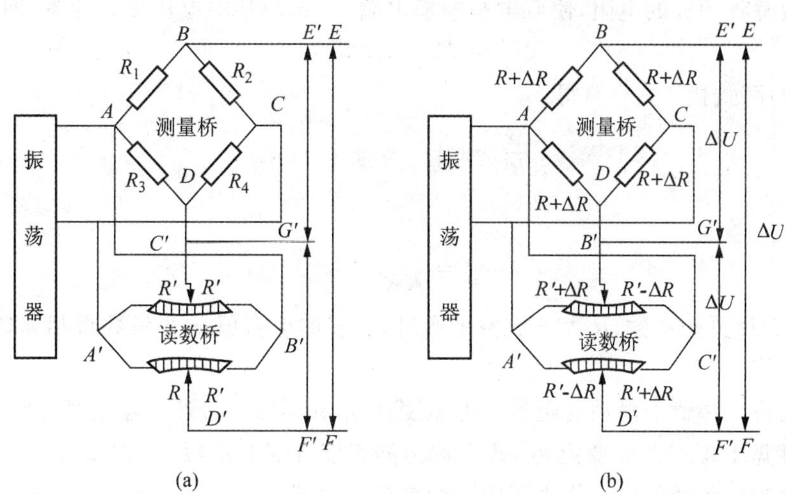

图 5-12

测量桥(或者读数桥)的开端 E'、G' 内,为一个有源二端网络(见图 5-12(a)),根据等值发电机定理,网络两端 E'、G' 电压

$$\Delta U=\frac{ER_4}{R_3+R_4}-\frac{ER_1}{R_1+R_2}=E\,\frac{R_2R_4-R_1R_3}{(R_1+R_2)(R_3+R_4)}。\tag{5-2}$$

在测试前,各工作应变片的电阻均相等,$R_1=R_2=R_3=R_4=R$,测量桥两端 E'、G' 的电压

$$\Delta U_0=E\,\frac{RR-RR}{(R+R)(R+R)}=0,$$

测量桥处于平衡。同理,读数桥各臂的电桥均为 R',其两端网络的端电压 $\Delta U'$ 也等于零。则双电桥的输出端电压

$$\Delta U=\Delta U_0+\Delta U'_0=0,$$

此时,平衡指示器的电表指针指为零。

当测试时,构件发生变形后,测量桥上各工作应变片的电阻发生变化(见图 5-13(b)),则

测量桥的二端网络的电压，由式(5-2)得到

$$\Delta U_0 = E\frac{(R+\Delta R_2)+(R+\Delta R_4)-(R+\Delta R_1)(R+\Delta R_3)}{[(R+\Delta R_1)+(R+\Delta R_2)][(R+\Delta R_3)+(R+\Delta R_4)]}, \tag{a}$$

忽略小量，式(a)简化为

$$\Delta U_0 = \frac{E}{4}\left(\frac{\Delta R_2}{R}+\frac{\Delta R_4}{R}-\frac{\Delta R_1}{R}-\frac{\Delta R_3}{R}\right), \tag{b}$$

再运用式(5-1)的关系，将各应变片的应变值 ε_1、ε_2、ε_3、ε_4 代入，若应变片灵敏系数均相等，则式(b)又可写为

$$\Delta U_0 = \frac{EK}{4}(\varepsilon_2+\varepsilon_4-\varepsilon_1-\varepsilon_3), \tag{c}$$

此刻调节读数桥各桥臂的电阻，如图 5-13(b)所示，则读数桥的两端有源网络的端电压也可由式(5-2)得到

$$\Delta U_0 = E\frac{(R'+\Delta r_2)(R'+\Delta r_4)-(R'+\Delta r_1)(R'+\Delta r_3)}{[(R'+\Delta r_1)+(R'+\Delta r_2)][(R'+\Delta r_3)+(R'+\Delta r_4)]}=\frac{\Delta r}{R'}E, \tag{d}$$

调节读数桥各桥臂的电阻，使双电桥的输出端，E、F 两端的电压重新为零，即

$$\Delta U = \Delta U_0 + \Delta U' = 0, \tag{e}$$

将(c)、(d)两式代入式(e)，得：

$$\frac{4\Delta r}{KR'} = \varepsilon_1-\varepsilon_2+\varepsilon_3-\varepsilon_4, \tag{f}$$

令

$$\varepsilon_{ds} = \frac{4}{KR'}\cdot\Delta r。 \tag{g}$$

式中：K 为应变片灵敏系数，R' 为读数桥平衡时，各臂的电阻值；r 为读数桥相邻臂上滑动变阻器的电阻变化值。

已知读数桥相邻臂上滑动变阻器的电阻变化量 Δr，将式(g)进行应变值的标定。那末滑动变阻器的刻度盘上即可读应变值 ε_{ds}，我们称为静态应变仪的读数，将式(g)代入式(f)，得到读数应变值与测量桥各臂的应变值之间的一个重要表达式：

$$\varepsilon_{ds} = \varepsilon_1-\varepsilon_2+\varepsilon_3-\varepsilon_4。 \tag{5-3}$$

测量桥的四个桥臂可全部或部分地用应变片来组成。如果电桥中在 A、B、与 B、C 之间分别接入一个电阻片，R_3 和 R_4 取自仪器内部电阻(即 $R_3=0$，$R_4=0$，代入式(5-3))，则构成的电桥称为半桥；如电桥中 R_1、R_2、R_3、R_4 均取自应变片，即在 AB、BC、CD、DA 桥臂上接入一个电阻片，所构成的电桥就称为全桥。在此需要说明的是，电阻应变片与材料粘贴时将随温度不同而发生变化。为了消除这一由非机械力产生的应变，通常在半桥中把 R_1 的应变片粘贴在测试构件上，而 R_2 应变片粘贴在与构件材料相同、与 R_1 温度环境相同、不受截荷的材料上，由式(5-3)可知，由温度引起的应变彼此抵消。这样，若构件上同时还受机械力作用时，显然在指示器上读出的数值只是 R_1 所在测点处受机械力作用所产生的应变，而消除了环境温度的影响。故称 R_1 为工作片，R_2 为补偿片。

实际测量电桥中，由于应变片及导线的阻值差异以及各连接部分存在的接触电阻，导线间的分布电容等，都将导致初始电桥处于不平衡状态，因此，必须在测量桥中设置电阻平衡调节装置，以使在测试构件前将测量电桥调节平衡。

2. 放大器

电桥输出的信号非常微弱，一般在几十微伏与几毫伏之间，必须对其进行放大以推动指示仪表或连接到记录器。放大器的功用是将电桥输出的微弱信号进行线性放大，以输出足够的功率。

3. 振荡器

为电桥提供一定频率的正弦交流电压作为供电源，同时也为相敏波提供参考电压。

4. 相敏检波和低通滤波器

放大器输出的信号是经过调制以后的调幅波而不是被测应变信号的原形，因此必须对其进行解调。

相敏检波的功用是对调幅波进行解调。用来分辨应变正负，保持其稳定。

5. 平衡指示器

仪器的显示部分一般为直流微安表和毫安表，它显示应变量的大小。

二、YJ-25 型静态应变仪

1. YJ-25 型静态应变仪的构造

YJ-25 型静态应变仪由主机、预调平衡箱、电源组成。如图 5-13、图 5-14 所示。

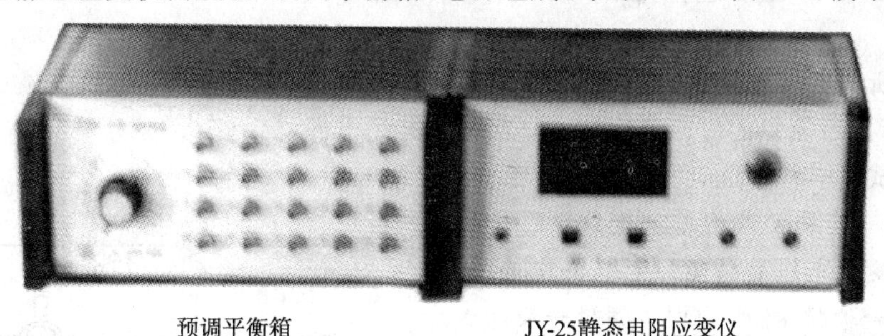

预调平衡箱　　　　JY-25静态电阻应变仪

图 5-13

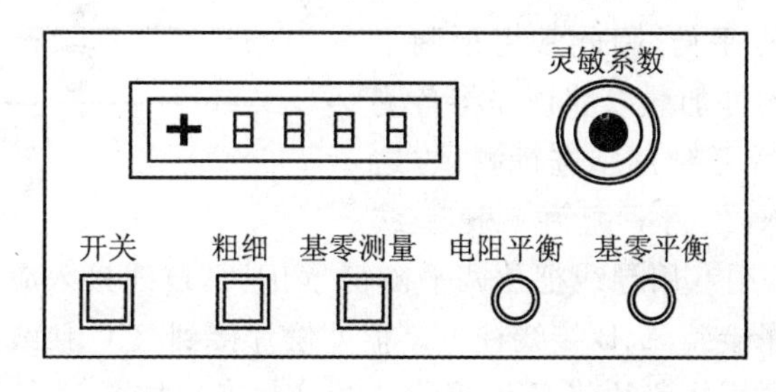

图 5-14

主机内除包括输入电桥部分外还包括放大器、相敏检波器、滤波器、振荡器等。其主机前后面板的结构：

(1) 应变仪的输入口。仪器的输入口位于主机后面板上，接通电源后，在标有“预调箱”的插口处，根据实际测量情况，选择不同测量方式：单点测量，连接电桥盒；多点测量，连接预调平衡箱。

(2) 灵敏系数的旋钮。其功能是根据不同的应变片的 K 值调节供桥源电压 U。在此 K 为电阻片的灵敏系数。

2. 操作规程

为了正确使用应变仪，获得正确的测试数据，在实验测试过程中，应严格按以下操作规程使用。

(1) 接通电源，按下电源开关。

(2) 调整仪器使之平衡，同时标定其仪器的读数值。

(3) 灵敏系数的旋钮指示应变片的灵敏系数。

(4) 按测试要求连接桥路。

(5) 对应变仪进行调试：

① 单点测量。联接电桥盒时，按下“基零”开关，调节“基零”电位器，使显示为±0000。再按下“测量”开关，调节“电阻平衡”电位器，使显示为±0000，这时，将“粗、细”开关应置于“细”，若调零无法调到±0000 时，则按下“粗”调试。反复几次调平衡。此时仪器本身处于平衡状态。最后按下“测量”开关，仪器即可测量。

② 多点测量。连接预调平衡箱，对多点测量的各点初次平衡后不等于各测点都处于平衡。为此，需要将各点调整处于平衡。其方法是将预调平衡箱的测点旋钮转到要测点的点上，用螺丝刀调对应的测点，逐个进行调试，使其所需各点都处于平衡状态时，才使仪器处于正常工作状态。

(6) 对所测构件进行逐级加载后，测量桥在各级加载中处于不平衡，数字显示窗口不再为±0000，显示出所测点的应变值读数。直接读取并记下即可。

(7) 测试完毕将电阻应变仪各旋钮复位。

3. 预调平衡箱的结构原理及操作规程

(1) 应变仪主机上只接一个电桥盒时，只能通过它形成一个测量桥。工程实测时一般都多于一个测点。进行多点测量时，不可能用许多仪器。各测点中应变片的电阻值和引线电阻不可能相同，测试前又须进行逐点平衡，因此常用预调平衡箱来扩充测点。被测构件加载以前预先将各测量电桥进行平衡，加载后可对各点进行测试，这样大大地简化测试工作，预调平衡箱一般有 20 个测点如图 5-15 所示。用专用导线把预调平衡箱 A、B、C、D 线接入应变仪。若进行半桥测量时，把工作应变片按顺序接到 A、B 接线柱上。把补偿片接到 B、C 接线柱上。若想用一个补偿片补偿所有的工作片，可用短路片将 C 排接线柱短接起来。如图 5-15 所示，如进行全桥测量，除将短路片取掉外，同时把主机上的连接片也取掉，逐列接好导线。

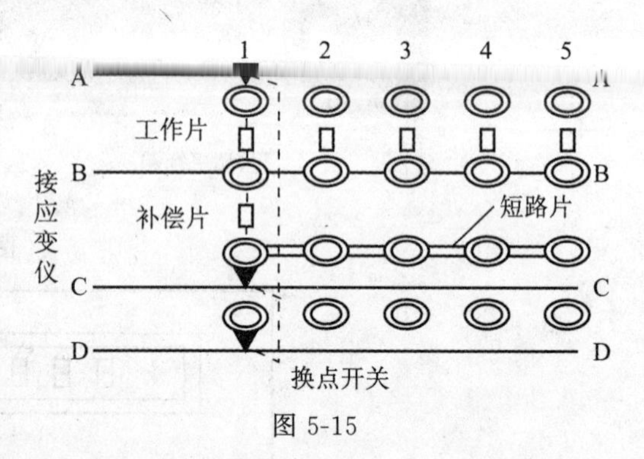

图 5-15

(2) 平衡箱操作规程：

① 用连接线将平衡箱与应变仪主机相连。

② 根据需要在各列接线柱上形成测量电桥。

③ 作半桥连接时，需用联片或铜丝将各点的 C 接线柱连通。

④ 将预调箱上的选择开关调整到所需测点上。

⑤ 各测量电桥均调节平衡以后，即可进行加载测试。测读数时应注意各测点顺序和预调

平衡顺序一致,否则将因选择开关接触电阻不同而引入误差。

三、YJ-4501A 静态数字电阻应变仪

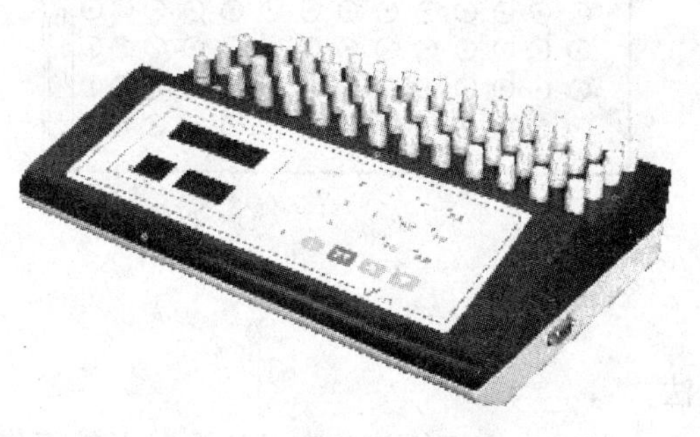

图 5-16

YJ-4501A 静态数字电阻应变仪(见图 5-16)采用直流电桥、低漂移高精度放大器、大规模集成电路、A/D 转换器及微计算机技术并带有 RS-232 接口。该仪器共有 12 个测量通道,操作简便、稳定性好、易于组成测试网络,具体使用方法如下。

1. 操作面板介绍

应变仪操作面板如图 5-17 所示。

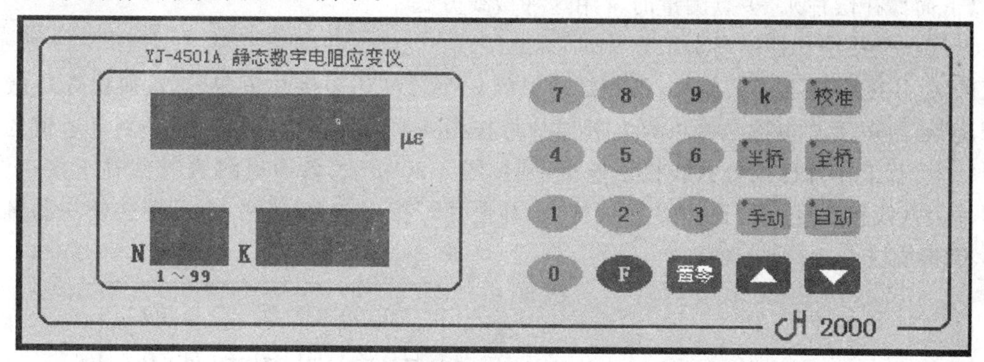

图 5-17

2. 操作方法

打开应变仪背面的电源开关,上显示窗显示提示符“nH－JH”,且半桥键、手动键指示灯均亮。按数字键 01(或按任一测量通道序号均可,按功能键无效或会出错),应变仪进入半桥、手动测量状态,左下显示窗显示 01 通道(或显示所按的通道序号),右下显示窗显示上次关机时的灵敏系数(若出现的是字母和数字,则按下面的灵敏系数 K 设定操作),上显示窗显示所按通道上的测量电桥的初始值(未接测量电桥,显示的是无规则的数字)。

1) 灵敏系数 K 设定

在手动测量状态下,按 K 键,K 键指示灯亮,灵敏系数显示窗(右下显示窗)无显示,应变仪进入灵敏系数设定状态。通过数字键键入所需的灵敏系数值后,K 键指示灯自动熄灭,灵敏系数设定完毕,返回到手动测量状态;若不需要重新设定 K 值,则再按 K 键,K 键的指示灯熄灭,返回到手动测量状态,灵敏系数显示窗仍显示原来的 K 值。K 值设定范围 1.0～2.99。

2) 全桥、半桥选择

应变仪半桥键指示灯亮时,处于半桥工作状态,全桥键指示灯亮时,处于全桥工作状态。根据测量要求,若需要半桥测量则按半桥键,若需要全桥测量则按全桥键。

3) 电桥接法

应变仪面板后部如图 5-18(a)所示,有 0～12 个通道的接线柱,0 通道为校准通道,其余为测量通道。当用公共补偿接线方法时,C 点用短接片短接,见图 5-18(b)。测量电桥有以下几种接线方法。

(1) 半桥接线法。半桥测量时有两种接线方法,分别为单臂半桥接线法和双臂半桥接线

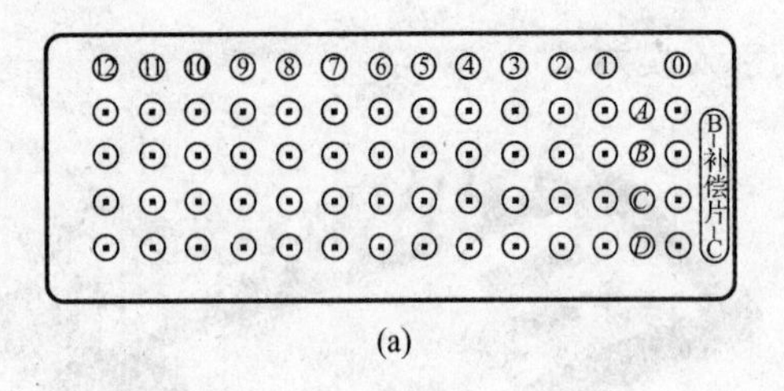

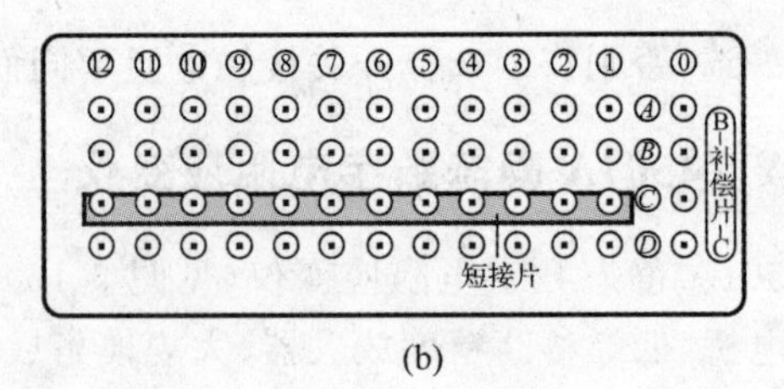

图 5-18

法。

单臂半桥接线法是在 AB 桥臂上接工作应变片(以下简称工作片),BC 桥臂上接补偿应变片(以下简称补偿片)。多点测量时常用这种接线方法。

当用一个补偿片补偿多个工作片时,称此接线方法为公共补偿接线法,如图 5-19 所示,各通道的 A、B 接线柱上接工作片,各测量通道的 C 接线柱用短接片短接(试验前检查 C 接线柱是否旋紧,与短接片短接是否可靠),补偿片可按图 5-19 接线,也可接在任一测量通道的 B、C 接线柱上;若工作片已按公共线接法连接,则按图 5-20 接线,各通道的 A 接线柱上接工作片,工作片公共线接在任一通道的 B 接线柱上,补偿片可按图 5-19 接法,也可接在任一测量通道的 B、C 接线柱上。

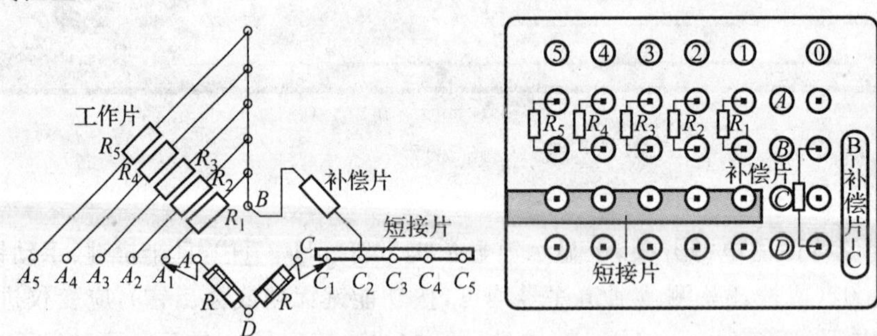

图 5-19

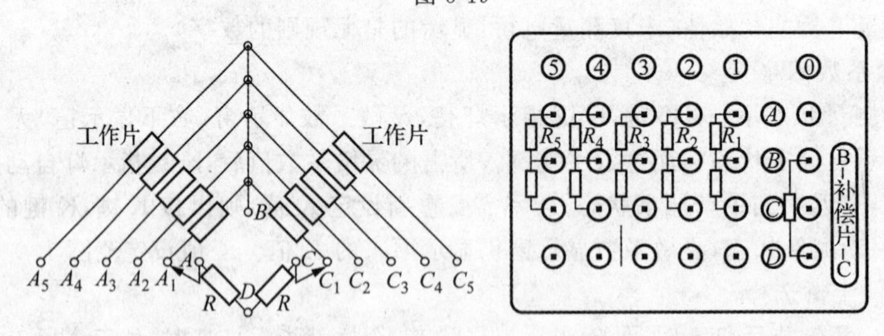

图 5-20

双臂半桥接线法是在 AB、BC 桥臂上都接工作片(卸去短接片),如图 5-21 所示。

(2) 全桥接线法。全桥接线法是在 AB、BC、CD、DA 桥臂上均接应变片(卸去短接片),可以全是工作片,也可以是工作片和补偿片的组合。

4) 测量

测量电桥接好以后,根据接桥方式选择好半桥或全桥测量状态,就可以进行测量了。应变

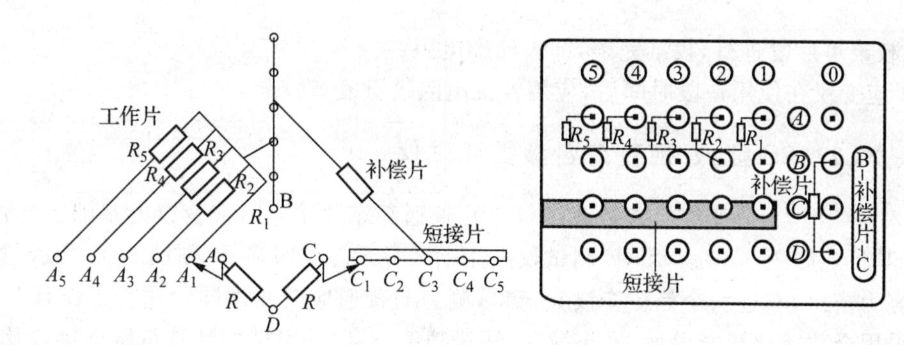

图 5-21

仪测量分手动测量和自动测量。

(1) 手动测量。手动测量时，按手动键，手动键指示灯亮，应变仪处于手动测量状态，在该状态下，测量通道切换可直接用数字键键入所需通道号(01 至 12 之间)，也可以通过上行、下行键按顺序切换。用置零键对各通道分别置零，(置零可反复进行)，各通道置零后即可按试验要求进行试验测试。

(2) 自动测量。自动测量时，按自动键，自动键指示灯亮，应变仪处于自动测量状态。在自动测量状态下，键功能如下：

① 进入自动测量状态后，先按置零键，仪器按顺序自动对各通道置零，然后进行试验，接着按 F 键，仪器按顺序自动对各通道试验数据进行检测，并自动将检测到的数据储存起来(现可存 40 组数据)，若与计算机联机，通过 RS232 接口可将储存的数据传输给计算机。

② 进入自动测量状态后，先按 F 键，进入设定测量通道状态，测量窗口全黑，这时需键入测量通道序号。例如，此时在 01 至 07 通道上接有测量桥，则键入 01，07，然后按置零键，仪器按 01 至 07 顺序置零，进行试验后，再按 F 键，则仪器按 01 至 07 顺序对各通道试验数据进行检测，并且也自动将检测到的数据储存起来，同样，与计算机联机后，通过 RS232 接口可将储存的数据传输给计算机。

若要知道应变仪中存有多少组数据，只要在手动状态下，按 F 键和 K 键，测量显示窗就显示储存数据的组数，然后再按 K 键，退回原状态。

若要清除已储存的数据，可与计算机联机后，通过计算机命令清除，也可在自动状态下，按数字键 6、8，每按一组 6、8，清除一组数据。

3. 校准

(1) 在手动测量状态下，在 0 通道接线柱上接入校准电阻，将灵敏系数 K 设定为 2.00，键入 00 通道，对该通道置零。

(2) 检查原校准值是否准确，将校准电阻后面的开关拨向任意一边，即正 5000 或负 5000，这时若上显示窗显示 5000(或－5000)，则不需要重新校准，键入测量通道序号(也可按上行或下行键)回到测量状态。若显示不为 5000(或－5000)，则需要进行校准。

(3) 按校准键、F 键，校准键指示灯亮，应变仪进入校准状态，此时通道显示窗(左下显示窗)显示 00，灵敏系数显示窗(右下显示窗)显示 2.00，此时，上显示窗显示可能不为零，先对校准通道置零，然后进行校准。

(4) 将校准电阻后面的开关拨向－5000，按 F 键，此时，上显示窗全黑，按数字键键入 5000 后，按校准键，校准键的指示灯熄灭，校准完毕，退出校准状态；重复步骤(2)，检查校准是否准确，校准可反复进行，校准完毕，卸去校准电阻。

(5) 应变仪在使用一段时间后，应用校准电阻进行复查校准。

四、XL2118C 型力/应变综合参数测试仪

XL2118C 型力/应变综合参数测试仪是在普通静态数字电阻应变仪的基础上与测力仪整合而成，其外观如图 5-22 所示。该测试仪采用七个显示屏同时显示，如图 5-23 所示，其中左边一个是测力窗口，右边六个是应变读数窗口，测力与普通应变测试同时并行工作且互不影响。该仪器采用全数字化智能设计，操作简单，测量功能丰富，并可选配计算机网络接口及软件，由教师用一台微机监控多台仪器学生实验的状况。具体使用方法如下。

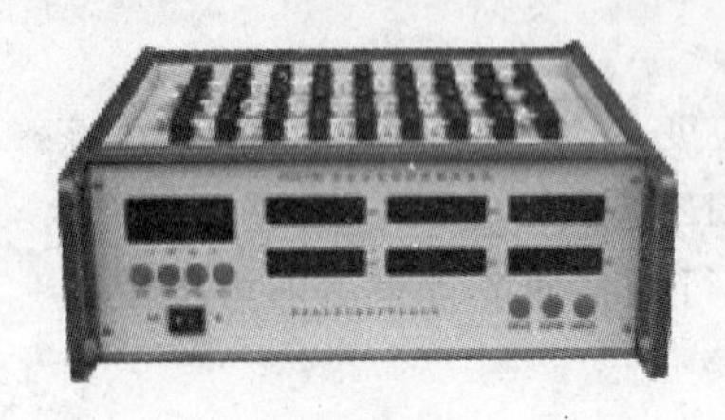

图 5-22

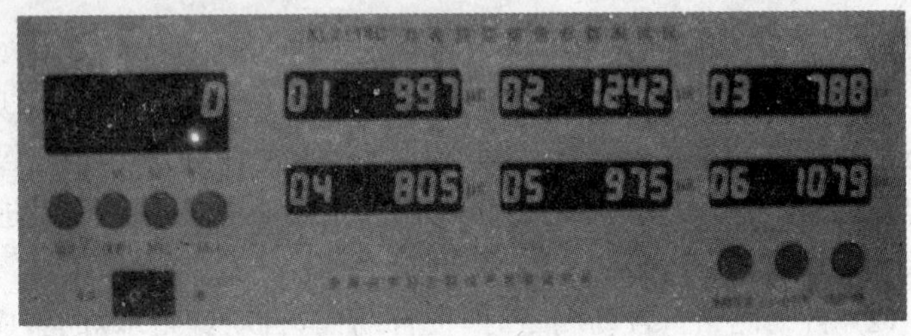

图 5-23

1. 测力模块的标定与使用

CAL - F

图 5-24

(1) 测力模块的标定。开启电源后，在系统自检状态(显示屏全显示为 8)时，按住测力部分的“设定”键 2s，之后进入该测试仪的测力功能模块的标定过程。显示屏显示如图 5-24 所示字样并闪烁三次后正式进入标定状态。

仪器前面板上左侧的测力模块设计了 4 个键，键被定义成测量状态常用的 4 个功能，为完成测力模块的标定工作，这 4 个键在标定状态被重新定义，如表 5-1 所示。

表 5-1　测力模块功能键在标定时重新定义

按键名	标定时重新定义的功能
“设定”键	如修正系数和测量单位发生修改，按此键则将数据存入系统
“清零”键	循环切换测量单位 N/kN/kg/t 这四个传感器满量程单位
“N/kg”键	该键只在输入传感器满量程和灵敏度指标时生效。输入量程时量程递减；输入灵敏度时从左到右循环移动闪烁位
“kN/t”键	该键只在输入传感器满量程和灵敏度指标时生效。输入量程时量程递增；循环递增闪烁位数值，从 0～9，到 9 后，再按则该位数值变为 0。

该综合测试仪允许配接的传感器量程为 1～10000kN、1～10000N、1～10000kg、1～10000t。传感器的满量程应为如下 13 个数值的整数：1\2\5\10\20\50\100\200\500\1000\2000\5000\10000。适配传感器灵敏度范围为 1.000～3.000mV。因此在标定过程中应准确输入这两个参数，以得到正确的传感器拉压力示值。

(2) 测力模块的使用。测力模块标定完毕后就可进行拉压力的测量，其使用方法简单介绍如下。在测量状态时，“设定”键失效，这是为了防止学生误操作影响系统测量参数；“清零”键是在测力传感器处于零载荷状态下清除传感器的初始零点。“N/kg”、“kN/t”两个键用于根据需要在两个力值单位间进行切换，以适合不同情况的需要。

2. 应变测量模块的使用方法

1）应变仪结构与原理

测试仪的上部面板如图 5-25 所示，电桥接线端子 A、B、C、D 与测量桥原理对应关系如图 5-26 所示。

图 5-25

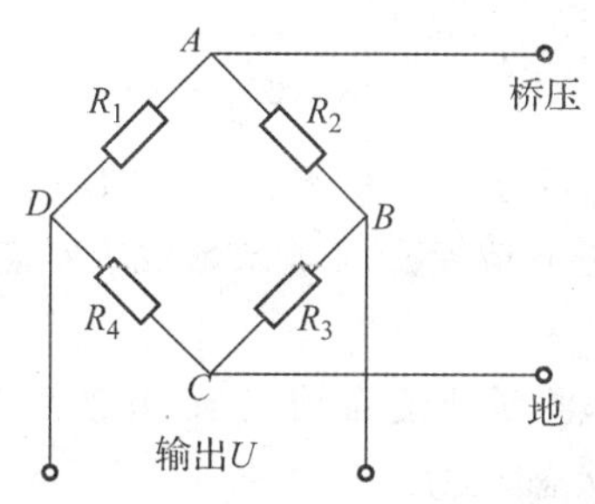

图 5-26

2）组桥方法

XL 2118C 型力/应变综合测试仪共有 16 个应变测量通道，可接成 1/4 桥（半桥单臂）、半桥和全桥。具体接法如图 5-27、图 5-28 和图 5-29 所示。注意：B1 为测量电桥的辅助接线端，只有 1/4 桥测试时将短接片连好，以实现 1/4 桥测试时的稳定测量，半桥/全桥测试时应将 B 与 B1 之间的电气连接断开，否则可能会影响测试结果。同时该测试仪不支持 3 种组桥方式的混接。

3）系统及测量参数设定

在测试仪开机自检过程中，即显示屏全显示“8 字样”或“2118”字样时按下“系数设定”键约 3s 以上，则仪器进入到系统设置状态。应变测量模块在仪器前面板的右下方设计了 3 个测

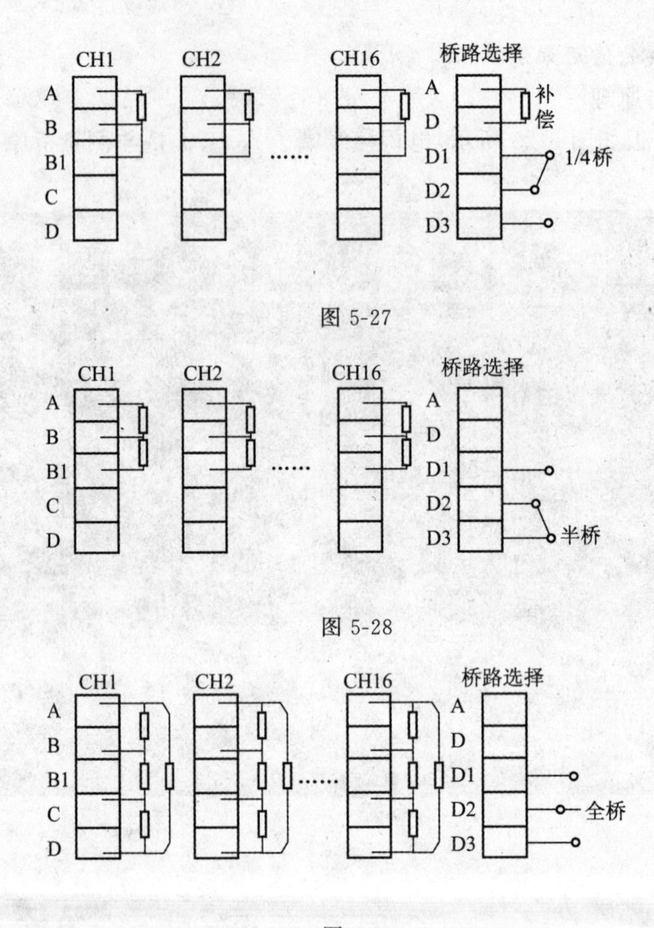

图 5-27

图 5-28

图 5-29

量状态常用的 3 个功能键，在测量状态下应变测试模块的功能键（从左到右）定义如下：

（1）系数设定键：按该键后进入应变片灵敏系数设定状态。灵敏系数设置完毕后自动保持，下次开机时仍生效。

（2）自动平衡键：对本机全部测量通道自动扫描，并使全部通道的桥路自动平衡（预读数法）。平衡完毕后返回手动测量状态。

（3）通道切换键：在测量时，测试仪每次同时显示 6 屏（6 个通道的数据），按该键一次，当前应变测量模块按照次序翻屏，并显示对应测量通道的应变值。第一次为 CH01～CH06，第二次为 CH07～CH12，第三次为 CH13～CH16，循环操作。而在完成系数的设定时，这 3 个键的功能被重新定义，如表 5-2 所示。

表 5-2　应变测量模块功能键在设定系数时的重新定义

按键名	标定时重新定义的功能
“系数设定”键	存储当前设定的灵敏系数，按此键则新灵敏系数生效并返回测量状态
“自动平衡”键	从左到右循环移动闪烁位
“通道切换”键	循环递增闪烁位，从 0～9，到 9 后，再按则该位数值变为 0

首先进入灵敏系数设定方式选择（统一设定或单独设定）C1，“统一设定”是用户设定一个

灵敏系数值对所有测点都生效;“单独设定”是指用户逐一对每个测点进行灵敏系数的设定。此时,可用“通道切换键”循环选择参数 C1 的设置,ONE 表示单独设定,如图 5-30 所示,ALL 表示统一设定,如图 5-31 所示,按“系数设定”键保存设置,之后进入到机箱编号设置状态——C2。

图 5-30

图 5-31

图 5-32

机箱编号是各台测试仪的身份编号,教师通过计算机对多台联机工作的测试仪监控时可对各仪器准确定位和监控,故各机箱编号设定不能重复。其设定方法与设定 C1 类似。完成 C2 项设置后,即完成了系统工作模式设定,显示屏显示如图 5-32 的字样。再次开机新的工作模式将生效。

开机状态时,按下“系数设定”键后显示屏显示“SETUP”字样并闪烁三次后进入灵敏系数设定状态。如果是统一设定状态,右下侧应变测量窗口显示如图 5-33 所示,修改灵敏系数时,使用“自动平衡”键可移动当前闪烁位,按“通道切换”可修改当前闪烁位的数值。修改完毕,按

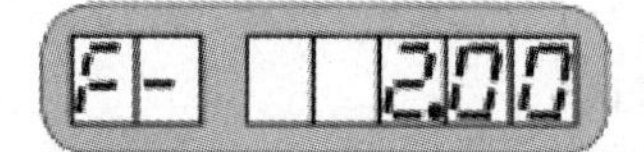

图 5-33

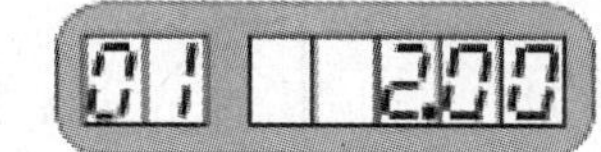

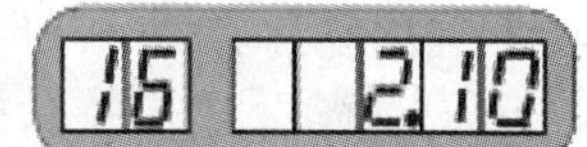

图 5-34

下“系数设定”键,新灵敏系数将生效。设置完毕后,仪器返回手动测试状态。同样,单独设定状态时也是“自动平衡”键移动闪烁位,“通道切换”修改当前闪烁位数值,“系数设定”键确认。只是设置完一个测量通道后,进入下一个通道的灵敏系数设置,直至第 16 个测量通道后返回仪器手动测试状态如图 5-34 所示。如设置过程中想中断设置,可按测力部分的“设定”键退出。

4）测量

(1) 开机仪器预热 20min,同时应变测量系数 K 设定确认无误后,即可进行测试。

(2) 根据测试要求,使用 1 合理选择 1/4 桥、半桥或全桥测量方式,并按要求接好桥路。(建议尽可能采用半桥或全桥测量,以提高测试灵敏度及实现测量点之间的温度补偿。)

(3) 按下“自动平衡”键约 2s,系统自动对 CH01～CH16 全部测量通道进行预读数法自动平衡,平衡完毕后返回测量状态。

(4) 如需使用测力模块,在完成标定的情况下,在测力(称重)传感器不受载荷的情况下,按下测力模块的“清零”按键,对测力通道进行清零操作。

(5) 完成应变测量模块的预调平衡操作和测力模块的清零操作后,即可根据实验要求进行测试了。

3. 注意事项

(1) 1/4 桥测量时,工作片与温度补偿片阻值、灵敏系数应相同;同时温度系数也应尽量相同(选用同一厂家同一批号的应变片)。

(2) 接线时应保证导线与仪器的接线端子接触良好,同时测量过程中不得随意移动测量导线。

(3) 长距离多点测量时,应选择线径、线长一致的导线连接测量片和补偿片。同时导线应

采用绞合方式，以减少导线的分布电容。

(4) 仪器应尽量放置在远离磁场源的地方。

(5) 应变片不得置于阳光下爆晒，同时测量时应避免高温辐射及空气剧烈流动的影响。

(6) 应选用对地绝缘阻抗大于 500MΩ 的应变片和测试电缆。

(7) 当测力模块或应变测试模块的显示屏显示“-----”时，表示该测试通道输入过载或平衡失败，请检查应变片或接线是否正常。

§ 5-6 引伸仪

引伸仪一般有三个基本部分组成：感受变形部分——它是直接与试件表面接触，以感受试件变形的机构；传递和放大部分——它是把所感受到的变形加以放大的机构；指示部分——它是指示、记录经放大后变形大小的机构。下面主要介绍球铰式引伸仪。

1. 球铰式引伸仪

常见的球铰式引伸仪如图 5-35 所示，主要用于金属和部分非金属材料的常温拉伸试验中测定它们的条件屈服强度及弹性模量等多项力学性能的必备仪器。具体使用方法如下。

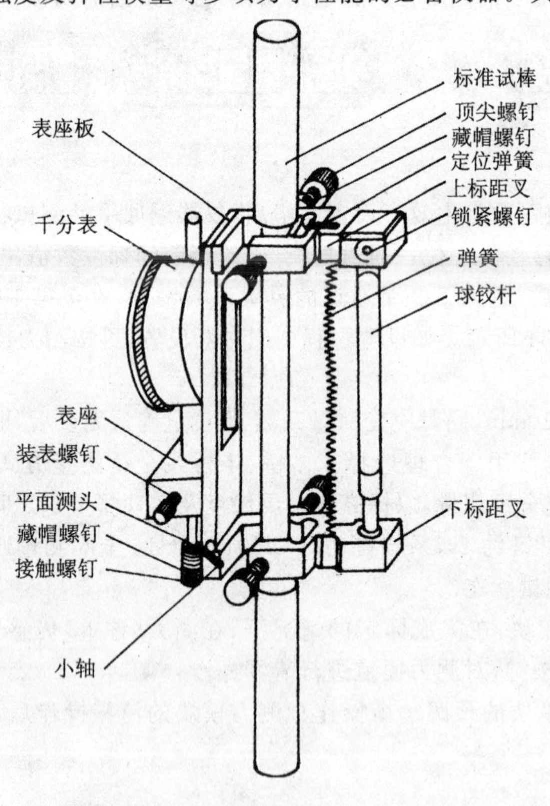

图 5-35

用左手握住球铰式引伸仪(大拇指压在上标距叉的上面，中指及无名指勾住下标距叉的下面)使小轴的弯曲尾部指向上标距叉，再将整个引伸仪从标距叉的缺口卡入并套在试件上，使上、下标距叉上的定位弹簧和左侧顶尖螺钉的顶尖恰好和试件的表面接触，然后旋转右侧的两颗螺钉顶尖螺钉至其顶尖恰好和试件接触，再分别轮流拧紧，使顶尖螺钉嵌入试件 0.05～

0.1mm(螺钉大约旋转 1/10～1/5r)至此便可松手。仪器安装在试件上后,把小轴旋转 180°,其弯曲尾部指向下标距叉,使表座与下标叉之间留有间隙,以免仪器瞥动。同时把千分表多压缩 0.4～1.0mm 并使长指针调为零。至此,整个安装完毕。进行加载后上、下标距叉之间的距离随着试件轴线的伸长而改变。其距离改变为的 ΔL 是我们所需要的数据,与支座上的千分表所读出的 $\Delta L'$ 有关系。即千分表读出的 $\Delta L'$ 是 ΔL(真正的变形量)的 2000 倍。(因为千分表放大系数为 1000 倍,而在此下降距离是如图 2-5 所示的试件两标距叉之间伸长距离的 2 倍。即千分表下降的距离为相似三角形关系,$\Delta L'=2\Delta L$,故 $K=2000$)。从而我们就可以根据此原理而测得试件的微变形。

装夹引伸仪的注意事项如下:

(1) 引伸仪应对试件左右对称。

(2) 下标距叉不能因装夹有明显的左右高低不平,以保证千分表测杆与下标距叉相垂直。

(3) 顶尖螺钉靠定位弹簧的作用使其安装,其轴线能通过试件的轴线,保证所测得变形是纯轴线的伸长。

2. 电子引伸计

电子引伸计的功能和球铰式引伸仪基本一致,主要由应变计、变形传递杆、弹性元件和刀口组成,一般配合电子万能试验机工作,主要用于测量试样的变形,通常在测试金属材料的条件屈服强度和弹性模量时都需要用到。其工作原理是:将引伸计装夹在试件上,刀口与试样接触而感受其变形 ΔL,通过变形传递杆使弹性元件产生应变 ε,然后再通过粘贴在弹性元件上的应变计把应变量转换成为电阻的变化量 ΔR。根据电测法原理,即可由 ΔR 换算出变形 ΔL。ΔL 是一个微量,通过相应的仪器,可进行显示和记录。

电子引伸计的规格通常用标距长度和最大变形量来表示,常见的有 100mm 标距 25mm 变形量、50mm 标距 25mm 变形量、50mm 标距 10mm 变形量、25mm 标距 5mm 变形量等多种规格,试验时试样标距内的伸长量不能大于引伸计的最大变形量,否则将损坏引伸计。如果试样伸长可能大于引伸计的最大变形量时,应在试验软件中正确设定由引伸计控制到位移控制的切换点值(该值应小于引伸计的最大变形量),切换后应及时从试样上取下引伸计。引伸计的装夹如图 5-36 所示,先将引伸计附带的标距片插在任意一个力臂与标距杆之间,用两手指轻轻捏住引伸计的两力臂,使标距杆与力臂接触,然后将力臂的刀口卡在试样的标距位置上,通过引伸计挂钩,用橡皮筋将引伸计固定在试样上,取下标距片即可。

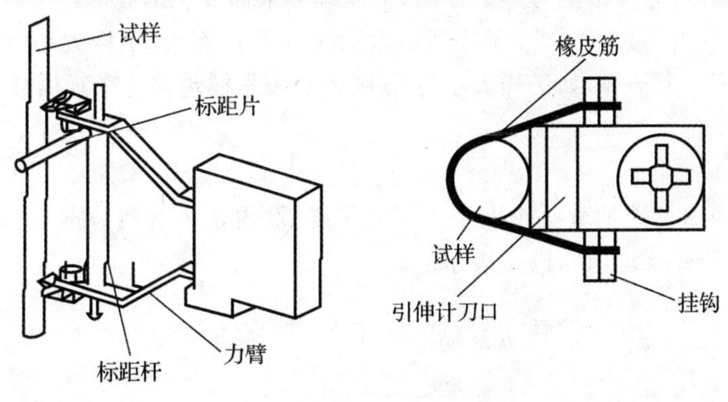

图 5-36

附录Ⅰ　数据处理和误差分析

一、统计分析的意义

在工程力学试验中，我们要对各种物理量进行测量，如试件的直径、材料的强度极限、断裂韧度、疲劳寿命(疲劳破坏时的应力循环数)等。由于测量的方法和仪器设备不十分完善，试件尺寸、材料和工艺的不绝对等同，试验环境的偶然变迁等因素的影响，各义上完全相同的一批试件，其试验结果总会存在一定的差异。另一方面，即使取一个试件，用同一种测量工具反复测量其直径，每次测量结果也不尽相同。上述这些差异即称之为"分散性"。

如上所述，引起试验结果分散性的原因(包括一些未知因素要内)统称作"偶然因素"。被测量的某一参数量取什么数值，事先是不知道的，只有待试验做完，才能知道它的大小。其大小受到偶然因素的影响。这种随偶然因素而改变的量称为"随机变量"。随机变量取得什么数值虽然事先无法知道，但它是遵循一定的变化规律的。统计分析就是根据随机变量所取得的数值，通过数学方法从中寻求其变化规律。

二、母体、个体和子样

"母体"也称作"总体"，它指的是研究对象的主体。而"个体"指的是母体中的一个基本单元。譬如，在同一条件下，我们要测量一大批型号相同的螺栓的直径，那么所有这批螺栓的直径就构成一个母体，而其中每个螺栓的直径则为一个体。

母体由个体组成，因此母体性质通过个体表现出来，所以，要知道母体性质，须对个体有所了解。但若把母体中全部个体都加以研究，则会遇到两种主要困难。首先，在一般情况下，母体包含的个体为数众多，甚至趋近于无限多，因此，不可能把所有个体都一一进行研究。其次，也有一些情况，试验测定是具有破坏性的，即材料经试验后已无法使用。显然，不能把所有材料都进行这种破坏性试验。

由于以上两种原因，为了推测母体的性质，常以母体中抽取一部分个体来研究这些被抽取的一部分个体称作"子样"或"样本"。子样所包含的个体数目称为"子样大小"或"样本容量"。一组观测数据相当于一个子样，如子样大小为 5，则表示该子样包含 5 个观测数据。

三、平均值

如我们从母体中随机地抽取一个大小为 n 的子样，取得几个观测数据 $x_1, x_2, \cdots, x_n$，这个数据的平均值称为"子样平均值"，以 $\bar{x}$ 表示之，

$$\bar{x} = \frac{1}{n}(x_1 + x_2 + \cdots + x_n),$$

或写成

$$\bar{x} = \frac{1}{n}\sum_{i=1}^{n} x_i。 \qquad (\text{I-1})$$

显然子样平均值反映了数据的平均性质。各观测数据可以看作是环境绕着它而分布的，因此，子样平均值表示数据的集中位置。当由子体推断母体性质时，是以母体平均值来估计的。子样大小 n 越接近母体平均值。

有时会遇到这样的情况，如表 Ⅰ-1 所示的 20 个数据中，

表 Ⅰ-1

3.1	3.1	3.1	5.7	5.7	5.7	5.7	5.7	6.3	6.9
6.9	6.9	6.9	6.9	6.9	6.9	8.2	8.2	8.2	8.2

有些数据的大小相同。当计算它们的平均值时，可以采用以下方法：

$$\bar{x} = \frac{3.1 \times 3 + 5.7 \times 5 + 6.3 \times 1 + 6.9 \times 7 + 8.2 \times 4}{20} = 6.26,$$

如以 $x_1, x_2, \cdots, x_m$ 表示观测值的大小，$V_1, V_2, \cdots, V_m$ 表示各个相同观测值的个数，则写成一般公式，有

$$\bar{x} = \frac{x_1V_1 + x_2V_2 + \cdots + x_mV_m}{n} = \frac{1}{n}\sum_{i=1}^{n} x_iV_i。 \quad (Ⅰ\text{-}2)$$

式中：每个观测值 x_i 乘上的倍数 V_i 称为“权”，就是以观测值个数为权的“加权平均值”。总之，凡是用式（Ⅰ-2）形式表示的平均值，都叫做“加权平均值”。

四、标准差和方差

“标准差”是“标准偏差”或“标准离差”的简称，它是表示观测数据分散性的一个特征值，在介绍标准差和方差之前，首先说明一下什么是“偏差”。如取 n 个观测值 $x_1, x_2, \cdots, x_n$，其平均值为 $\bar{x}$，每个观测值 x_i 与平均值 $\bar{x}$ 之差称为偏差，以符号 d_i 表示之。

$$d_i = x_i - \bar{x} \quad (i = 1, 2, \cdots, n),$$

所以

$$\sum_{i=1}^{n} d_i = \sum_{i=1}^{n}(x_i - \bar{x}) = \sum_{i=1}^{n} x_i - n\bar{x} = \sum_{i=1}^{n} x_i - \sum_{i=1}^{n} x_i,$$

$$d_i = 0。 \quad (Ⅰ\text{-}3)$$

可见这几个偏差只有$(n-1)$个是独立的，即在 n 个偏差中有$(n-1)$个确定之后，另一个方可由式（Ⅰ－3）的条件给出。因此，我们就说，对于 n 个偏差，有$(n-1)$个“自由度”。

根据数理统计学的研究结果，最好用“子样方差 S”作为数据分散性的度量。子样方差定义为

$$S^2 = \frac{1}{n-1}\sum_{i=1}^{n} d_i^2,$$

式中：n 为观测值的个数；$n-1$ 为自由度。

将 $d_i = x_i - \bar{x}$ 代入上式，则得到子样方差的一般表达式：

$$S^2 = \frac{1}{n-1}\sum_{i=1}^{n}(x_i - \bar{x})^2。 \quad (Ⅰ\text{-}4)$$

子样方差 S 的平方叫做“子样标准差”，即

$$S = \sqrt{\sum_{i=1}^{n} \frac{(x_i - \bar{x})^2}{n-1}}。 \quad (Ⅰ\text{-}5)$$

在数理统计中，常常用子样标准差作为分散性的指标。S 愈大，表示数据愈分散；S 愈小，分散性就愈小。当由子样推断母体性质时，母体标准差是用子样标准差来估计的。子样大小 n 越大，子样标准差就越接近母体标准差。

为了便于计算，利用式（Ⅰ-1）将偏差的平方和作以下变换：

$$
\begin{aligned}
(x_i-\bar{x})^2 &= (x_1-\bar{x})^2+(x_2-\bar{x})^2+\cdots+(x_n-\bar{x})^2 \\
&= (x_1^2+x_2^2+\cdots+x_n^2)-2\bar{x}(x_1+x_2+\cdots+x_n)+n\bar{x}^2 \\
&= (x_1^2+x_2^2+\cdots+x_n^2)-\frac{2}{n}(x_1+x_2+\cdots+x_n)^2+n\left[\frac{1}{n}(x_1+x_2+\cdots+x_n)\right]^2 \\
&= (x_1^2+x_2^2+\cdots+x_n^2)-\frac{1}{n}(x_1+x_2+\cdots+x_n)^2,
\end{aligned}
$$

所以

$$\sum_{i=1}^{n}(x_i-\bar{x})^2=\sum_{i=1}^{n}x^2-\frac{1}{n}\left(\sum_{i=1}^{n}x_i\right)^2,$$

将上式代入式（Ⅰ-4）和式（Ⅰ-5），则得到方差和标准差的常用计算公式：

$$S^2=\frac{\sum_{i=1}^{n}x_i^2-\frac{1}{n}\left(\sum_{i=1}^{n}x_i\right)^2}{n-1}。\tag{Ⅰ-6}$$

$$S=\sqrt{\frac{\sum_{i=1}^{n}x_i^2-\frac{1}{n}\left(\sum_{i=1}^{n}x_i\right)^2}{n-1}}。\tag{Ⅰ-7}$$

式中：$\sum_{i=1}^{n}x_i^2$ 为观测值的“平方和”；$\left(\sum_{i=1}^{n}x_i\right)^2$ 为观测值的“和平方”。

五、直接测量误差的估计

当我们使用测量工具对某一物理量进行直接测量时，只能取有限个观测值：$x_1,x_2,\cdots,x_n$，构成一个大小为 n 的子样。显然我们不能作无限的观测，即该物理量母体的平均值 x 和母体的方差 σ^2 是未知的。但我们可以利用子样，找到一个置信度为 β 的该物理量的置信区间。用该区间的子样的平均值作为母体平均值（是一种点估计）。从而将大小为 n 的子样中与上述的子样平均值最大的相对误差，作为该物理量的直接测量误差的估计。

设 $x_1,x_2,\cdots,x_n$ 来自母体 $N(\mu,\sigma^2)$，构成大小为 n 的子样。其中母体的平均值为 μ，母体的方差为 σ^2。σ^2 是未知参数。由数理统计知识知道，我们可由母体的平均值 μ，子样的平均值 $\bar{x}$，子样的标准差 S 和子样的大小 n 构成一个统计量

$$T=\frac{(\bar{x}-\mu)\sqrt{n}}{S}\sim t(n-1),\tag{a}$$

这个 T 统计量服从于自由度为$(n-1)$和 t 分布。

我们给定量置信度为 $\beta(\beta=1-2\alpha)$，可查 t 分布表（见附录Ⅴ），得 $t_\alpha(n-1)$ 的值，使 $|T|<t(n-1)$ 的 T 区内，其概率为 β，即

$$\rho=|T|<t_\alpha(n-1)=\beta,\tag{b}$$

将式(a)代入式(b)的 T 区间内：

$$\left|\frac{(\bar{x}-\mu)\sqrt{n}}{n}\right|<t_\alpha(n-1),$$

$$[\bar{x}-t_\alpha(n-1)\frac{S}{\sqrt{n}}]>\mu<[\bar{x}+t_\alpha(n-1)\frac{S}{\sqrt{n}}],$$

母体平均值 α 的置信度为 β 的置信区间为

$$\{\bar{x}-t_\alpha(n-1)\frac{S}{\sqrt{n}},\bar{x}+t_\alpha(n-1)\frac{S}{\sqrt{n}}\}。\tag{Ⅰ-8}$$

若子样的各观测值全部落在式(Ⅰ-8)所表明的置信区间内,则该子样的平均值就可作为母体的平均值,即

$$\bar{x}\approx\mu。\tag{Ⅰ-9}$$

若子样的观测值中不落在式(Ⅰ-8)所表明的置信区间内,则剔除这些观测值,组成新的子样,再重新确定置信区间,直至新的子样各观测值全部落在新的置信区间内,则此新子样的平均值就可作为母体的平均值。

例如,x_k 与上述的新子样的平均值最大相对误差,就作为直接测量的误差估计

$$\delta_{\max}=\frac{|\bar{x}-x_k|_{\max}}{\bar{x}}\times 100\%。\tag{Ⅰ-10}$$

直接测量误差按其来源有两类:第一类"系统误差",它是由某些确定因素所引起的,如试验机机构之间的摩擦,载荷偏心,试验机测力系统未经校准以及试验条件改变等。系统误差的出现会使观测带有倾向性,不是都偏大,就是都偏小。在同一试验条件下,系统误差愈小,表明测量的"准确度"愈高,也就是接近母体平均值的程度愈好。在试验过程中,如发现有这类系统误差存在,应设法把它排除。将系统误差控制在一定限度内是必要的,也是可能的。为排除系统误差,对试验机和应变仪应随时进行校准和检验。

第二类是"偶然误差",它是由一些偶然因素所引起的。偶然误差的出现常常包含很多未知因素在内。我们无论怎样控制试验条件的一致,也不可能避免偶然误差的存在。对同一试件尺寸多次测量的结果的分散性即起源于偶然误差。偶然误差小,表明测量的"精度"高,也就是数据"再现性"好。所以,直接测量的误差,显然包含了"系统误差"和"偶然误差"两个部分。

六、间接测量误差的估计

在工程力学实验中,有些物理量是通过间接测量到的。如测定弹性模量 E 时,首先须测量横截面面积 A,长度 L,载荷 F 及变形 ΔL,然后再由下式计算 E 值:

$$E=\frac{FL}{A\Delta L}。\tag{c}$$

式中每一物理量都各有其本身误差,由此必导致函数 E 产生误差。现在的目的是,根据各物理量的直接测量误差来估计函数的误差。

设函数 $V(x,y)$ 是欲测的对象,x 和 y 是可以直接测定的两个独立的物理量。x、y 均表示其"真值",Δx 和 Δy 分别表示对应的绝对误差,则由此而引起的函数的绝对误差应为

$$V=V(x+\Delta x,y+\Delta y)-V(x,y),$$

根据泰勤公式,将 $V(x+\Delta x,y+\Delta y)$ 展开并略去高阶微量,则得

$$\Delta V=V(x,y)+\frac{V}{x}\Delta x+\frac{V}{y}\Delta y-V(x,y),$$

所以

$$\Delta V = \frac{V}{x}\Delta x + \frac{V}{y}\Delta y,$$

函数的相对误差

$$\delta_V = \frac{\Delta V}{V} = \frac{x}{V}\frac{V}{x}\delta_x + \frac{y}{V}\frac{V}{y}\delta_y, \tag{d}$$

式中：δ_x 和 δ_y 分别表示 x 和 y 的相对误差：

$$\delta_x = \frac{\Delta x}{x},\ \delta_y = \frac{\Delta y}{y}。 \tag{e}$$

在一般情况下，常遇到的是代数方程。由公式可导出几种常用函数的相对误差公式。

1. 积的误差

$$V = xy,$$
$$\delta_V = \delta_x + \delta_y。 \tag{Ⅰ-11}$$

2. 商的误差

$$V = x/y,$$
$$\delta_V = \delta_x + \delta_y。 \tag{Ⅰ-12}$$

考虑最不利的情况，故将上式中的 δ_x 和 δ_y 取相同符号，以表示误差最大值。

3. 幂函数的误差

$$V = x_n,$$
$$\delta_V = n\delta_x。 \tag{Ⅰ-13}$$

例如，已知弹性模量函数

$$E = \frac{FL}{A\Delta L},$$

根据式(Ⅰ-12)和式(Ⅰ-13)，可得 E 的相对误差

$$\delta_E = \delta_F + \delta_L + \delta_A + \delta_{\Delta L}。$$

若试件为圆形截面，$A=\pi d^2/4$，则由式(Ⅰ-13)可知横截面面积 A 的误差 δ_A 为直径 d 的误差 δ_A 的 2 倍，$\delta_A=2\delta_d$。因此 δ_E 还可以写

$$\delta_E = \delta_F + \delta_L + 2\delta_d + \delta_{\Delta L}。 \tag{f}$$

式中载荷、长度、直径和变形的相对误差均取最大绝对值。根据实际情况，可选取最大测量误差限度或设备、仪器的最大误差作为各个相对误差。当已知 δ_F、δ_L、δ_d、$\delta_{\Delta L}$时，即可由式(f)估算出 E 的最大相对误差。可以看到直径误差 δ_d 影响较大，故应选用精度较高的测量工具。

七、直线拟合

在进行数据处理时，常常需要用直线段拟合各数据点。由于各数据点并不完全位于一条直线上，所以也就不可能找出一直线通过所有数据点。如果用直尺凭视觉大致拟合各数据点，那么就可能画出很多的直线，然而其中哪一条是最合适的直线则无法判断。“最小二乘法”为我们提供了寻求这条最合适的直线方法。

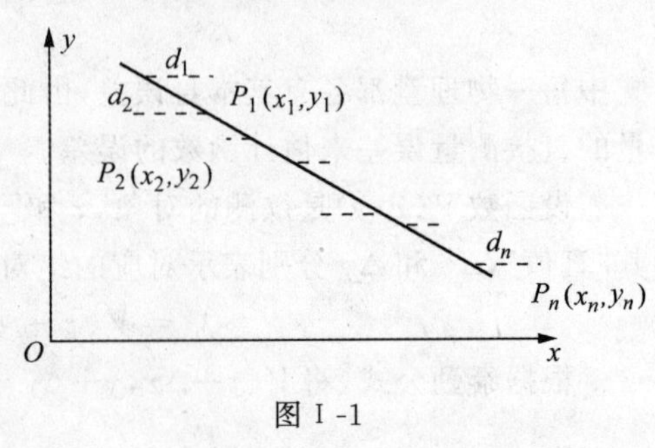

图Ⅰ-1

在应用最小二乘法时，首先要区分何者为自变量，何者为因变量。例如，当测定 σ-ε 曲线

时，应力 σ 是预先指定的；应变是实测的结果。因此，应将 σ 作为自变量，ε 作为因变量。

设 $P_1(x_1,y_1),P_2(x_2,y_2),\cdots,P_n(x_n,y_n)$ 是一组 n 个观测数据，并且将 y 作为自变量，x 作为因变量（见图Ⅰ-1）。拟合各数据点的直线方程用下式表示：

$$x = a + by。\tag{Ⅰ-14}$$

式中：a 和 b 为待定常数。各数据点与该直线之间的水平距离为

$$d_i = x_i + \bar{x} \quad (i = 1,2,3,\cdots,n),\tag{g}$$

按照最小二乘法原理，认为拟合直线的最佳准则是使 d_i 的平方和 Q 为最小，Q 由下式给出：

$$Q = \sum_{i=1}^{n} d_i^2 = d_1^2 + d_2^2 + \cdots + d_n^2,\tag{h}$$

根据这一准则，即可用求极值的方法求出式（Ⅰ-14）中的 a 和 b 值。

将式(g)和式（Ⅰ-1）先后代入式(h)可得

$$Q = \sum_{i=1}^{n}(x_i - y_i)^2 = \sum_{i=1}^{n}(x_i - a - by_i)^2,$$

分别计算 Q 对 a 和 b 的偏导数，并令其为零，即

$$\frac{\partial Q}{\partial a} = \sum_{i=1}^{n} 2(x_i - a - by_i)(-1) = 0$$

$$\sum_{i=1}^{n} 2(x_i - a - by_i) = 0$$

$$\sum_{i=1}^{n} x_i - na - b\sum_{i=1}^{n} y_i = 0,\tag{i}$$

$$\frac{\partial Q}{\partial b} = \sum_{i=1}^{n} 2(x_i - a - by_i)(-y) = 0$$

$$\sum_{i=1}^{n}(y_i x_i - ay_i - by_i^2) = 0$$

$$\sum_{i=1}^{n} y_i x_i - a\sum_{i=1}^{n} y_i - b\sum_{i=1}^{n} y_i^2 = 0。\tag{j}$$

解联立方程(i)和(j)，求得

$$a = \frac{1}{n}\sum_{i=1}^{n} x_i - \frac{b}{n}\sum_{i=1}^{n} y_i,\tag{Ⅰ-15}$$

$$b = \frac{\sum_{i=1}^{n} y_i x_i - (\frac{1}{n}\sum_{i=1}^{n} y_i)(\sum_{i=1}^{n} x_i)}{\sum_{i=1}^{n} y_i^2 - \frac{1}{n}(\sum_{i=1}^{n} y_i)^2}。\tag{Ⅰ-16}$$

知道了常数 a 和 b 后，即可根据直线方程（Ⅰ-14）绘出直线。应该指出，用上述方程拟合直线，只有当两个变量之间存在某种线性关系时才有意义。

有的实验（如疲劳）σ_{max} 与 $\lg N$ 是线性相关的，则将 $y=\sigma_{max}$ 作为自变量，$x=\lg N$ 作为因变量，拟合数据点的直线方程是

$$\lg N = a + b\sigma_{max}。\tag{Ⅰ-17}$$

式中：

$$a = \frac{1}{n}\sum_{i=1}^{n}\lg N_i - \frac{b}{n}\sum_{i=1}^{n}\sigma_i, \qquad (\text{I-18})$$

$$b = \frac{\sum_{i=1}^{n}\sigma_i \lg N_i - \frac{1}{n}(\sum_{i=1}^{n}\sigma_i)(\sum_{i=1}^{n}\sigma_i)(\sum_{i=1}^{n}\lg N_i)}{\sum_{i=1}^{n}\sigma_i^2 - \frac{1}{n}(\sum_{i=1}^{n}\sigma_i)^2}。 \qquad (\text{I-19})$$

附录Ⅱ　有效数字的确定及运算规则

在实验中，只有按有效数字记录数据和给出计算结果才是科学的。使用机器、仪器和量具时，除了要直接从度盘上读出最小分度值外还应尽可能地读出最小分度值后面一位的估计值（注意只要一位）。例如用百分表测位移时，由表盘上读得 0.254mm，百分表的最小分度值（精度）为 0.01mm，这表明在测量时百分表的大针在度盘上移动了 25 个格还多一些，其中 0.004mm 即为估计值，0.25mm 即为可靠值。这种由可靠值和末位估计值组成的数字即为有效数字。由此看来，有效数字取决于机器、仪器、量具的精度，不能随意增减。

在实验中由于测得数据的有效数字各不相同，所以在处理数据时必须严格按照有效数字的运算规则决定取舍。

（1）对有效数字后面的第一位数字应当按“四舍、六入、五单双”的规则处理。根据上述规则，若保留数字后面的第一位数小于 5 时，则应舍弃。若保留数字后面的第一位数大于或等于 6 时，则应在保留数字的最后一位数上加 1。若保留数字后面的第一位数是 5，而且在 5 的后面没有其他数字时，当保留数字的最后一位为奇数时，则应在此数字上加 1，如果是偶数则保持不变。如果保留数字后面的第一位数是 5，而且在 5 的后面还有不为零的数，则应在保留数字的最后一位数上加 1。例如：计算拉伸试件的面积，根据技术条件只需四位有效数字即可满足要求。由计算得五个试件的面积分别为 A_1、A_2、A_3、A_4、A_5，按照确定有效数字的规则，它们的面积应为 A_1、A_2、A_3、A_4、A_5，具体数字见表Ⅱ-1。

表Ⅱ-1

i	1	2	3	4	5
A_i/mm^2	278.4448	78.4367	78.435	78.445	78.4453
A_i/mm^2	278.44	78.44	78.44	78.44	78.45

（2）几个数相加（或相减）时，其和（或其差）在小数后面所保留的位数应与几个数中小数点后面位数最少的相同。例如：

$53.1+15.21+3.134=71.4$。

（3）求四个数或四个数以上的平均值时，计算结果的有效数字位数要增加一位。例如：

$\frac{1}{4}(23.4+25.6+28.7+25.98)=25.92$。

（4）几个数相乘（或相除）时，其积（或商）的有效数字位数，应与几个数中位数最少的相同。例如：

$36.2\times6.825=247$。

（5）常数以及无理数（如 π、$\sqrt{2}$ 等）参与运算，不影响结果的有效数字位数。在运算时这些数的有效数字位数只需与其他数中有效字位数最少的相同就够了。例如：测得一拉伸试件的直径为 10.02mm，则该试件的横截面面积为

$$A = \pi \times \frac{1}{4}(10.02)^2 = 3.142 \times \frac{1}{4}(10.02)^2 = 78.86(\text{mm}^2)。$$

附录Ⅲ　电阻应变片的粘贴

电阻应变片(简称为应变片)有多种形式,常用的是绕线式的(见图Ⅲ-1)和箔式的(见图Ⅲ-2)。绕线式应变片一般采用直径为0.02～0.05mm的镍铬或镍铜(也称康铜)合金丝绕成栅式,用胶水粘在两层绝缘的薄纸或塑料片(基底)中。在丝栅的两端焊接直径为0.15～0.18mm镀锡的铜线(引出线),用来连接测量异线。箔式应变片一般用厚度为0.003～0.01mm康铜或镍铬等箔材,经过化学腐蚀等工序制成电阻箔栅,然后焊接引出线,除以覆盖胶层。目前由于腐蚀技术的发展,能精确地保证箔栅的尺寸,因此,同一批号箔式应变片的功能比较稳定可靠。

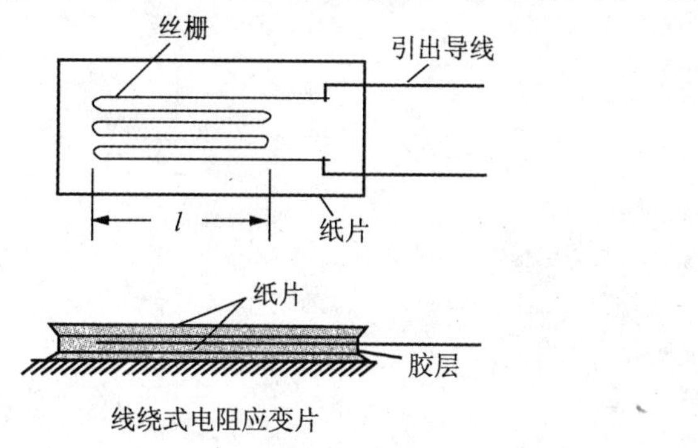

图Ⅲ-1　线绕式电阻应变片

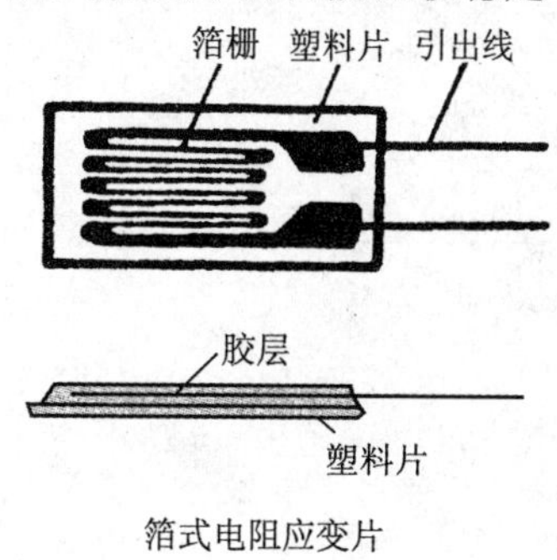

图Ⅲ-2　箔式电阻应变片

要测量构件上某点沿某一方向的应变片的粘贴质量直接影响测量结果,必须按照一定贴片工艺进行贴片,才能获得满意的结果。

(1) 处理试件表面。首先清除表面的油漆、氧化皮和污垢。可用刀刮除,然后用砂轮将表面打平(或用锉刀锉平),再用0#或1#砂布磨光,一般达到4～5即可。如果是光滑的加工表面。还要用0#或1#砂布沿与电阻片纵向线成45°的方向打出一些纹路,打磨面积约为电阻片的3～5倍。

(2) 划线定位。在打磨好的表面上定出测点,确切位置,用划针通过测点轻轻划坐标线,即贴片方位线。

(3) 贴片前用棉纱或脱脂球蘸丙铜或无水乙醇,或四氯化碳,对贴片表面进行2～3次擦洗,直到没有油污为止。清洗后的表面不可再用手摸或接触任何东西。

(4) 常温下测试一般可用502快干胶进行粘贴,先在电阻片底面涂上一层薄而均匀的胶水,然后放在贴片位置上,注意对准方位线(有的粘结剂则要在构件上光一层底胶)。操作时,手指要保持干净。

(5) 在电阻片上盖一张聚四氟乙烯薄膜或玻璃纸,一只手轻轻按住引出线,用另一只手的姆指或食指从上片头到片尾轻轻地均匀滚压(注意:只能是垂直压力,不要有旋转和错动,不要用力过大,以免电阻片移动位置或引出线拉断),将多余的胶水和气泡挤出,直到电阻片粘住为止。

(6) 电阻片粘贴后,应进行检查,外观上应胶层均匀,无特殊性气泡,位置准确,整齐干净。

(7) 干燥。502 快干胶在室温下干燥 1～2h，普通胶还需要再用红外线灯烘烤数小时(温度 700℃左右)，使电阻片与试件之间的绝缘电阻大于 100MΩ。

(8) 焊线。干燥后用万用表检查电阻片是否断线。然后将导线与电阻片引出线焊牢，焊接前必须设法将导线固定在试件上，以免电阻片引出线因受力而拉断。焊接时严防接触不良、假焊等现象。

(9) 保护。为了防止电阻片受潮，表面需加以保护，短期防潮可以涂一层石蜡或中性凡士林。长期防潮需要做专门处理。

附录Ⅳ　单位换算表

公制单位	国际单位	公制单位	国际单位
1kgf(公斤力)	9.8N(牛)	1kgf·m(功、能)	9.807J(焦耳)
1tf (吨力)	9.807kN(千牛)	102kgf·m/s	1kW(千瓦)
1kgf/cm^2	0.09807MPa	1/min(转/分)	1/60 1/s
1000kgf/cm^2	98.07MPa	1kgf/mm^2	9.807MPa
10^{6}kgf/cm^2	98.07GPa	1kgf/mm^3	9.087×10^{3}MN/m^3
1kgf/m	9.807N/m	1kgf/mm$^{3/2}$	0.310MN/m$^{3/2}$
1kgf·m	9.807Nm		

附录Ⅴ t 分布表

$P\{t(n)>t_{\alpha}(n)\}=\alpha$ $t_{\alpha}(n)$	$\alpha=0.25$	0.10	0.05	0.025	0.01	0.005
$n=1$	1.0000	3.0777	6.3138	12.7062	31.8207	63.6574
2	0.8165	1.8856	2.9200	4.3027	6.9646	9.9248
3	0.7649	1.6377	2.3435	3.1824	4.5107	5.8409
4	0.7407	1.5332	2.1318	2.7764	3.7469	4.6041
5	0.7267	1.4759	2.0150	2.5706	3.3649	4.0322
6	0.7176	1.4398	1.9432	2.4469	3.1427	3.7074
7	0.7111	1.4149	1.8946	2.3646	2.9980	3.4995
8	0.7064	1.3968	1.8595	2.3060	2.8965	3.3554
9	0.7027	1.3830	1.8331	2.2622	2.8214	3.2498
10	0.6998	1.3722	1.8125	2.2281	2.7638	3.1693
11	0.6974	1.3634	1.7959	2.2010	2.7181	3.1058
12	0.6955	1.3562	1.7823	2.1788	2.6810	3.0545
13	0.6938	1.3502	1.7709	2.1604	2.6503	3.0123
14	0.6924	1.3450	1.7613	2.1448	2.6245	2.9768
15	0.6912	1.3406	1.7531	2.1315	2.6025	2.9467
16	0.6901	1.3368	1.7459	2.1199	2.5835	2.9208
17	0.6892	1.3334	1.7396	2.1098	2.5669	2.8982
18	0.6884	1.3304	1.7341	2.1009	2.5524	2.8784
19	0.6876	1.3277	1.7291	2.0930	2.5395	2.8609
20	0.6870	1.3253	1.7247	2.0860	2.5280	2.8453
21	0.6864	1.3232	1.7207	2.0796	2.5177	2.8314
22	0.6858	1.3212	1.7171	2.0739	2.5083	2.8188
23	0.6853	1.3195	1.7139	2.0687	2.4999	2.8073
24	0.6848	1.3178	1.7109	2.0639	2.4922	2.7969
25	0.6844	1.3163	1.7081	2.0595	2.4851	2.7874
26	0.6840	1.3150	1.7056	2.0555	2.4786	2.7787
27	0.6837	1.3137	1.7033	2.0518	2.4727	2.7707

（续表）

$P\{t(n)>t_\alpha(n)\}=\alpha$ $t_\alpha(n)$	$\alpha=0.25$	0.10	0.05	0.025	0.01	0.005
28	0.6834	1.3125	1.7011	2.0484	2.4671	2.7633
29	0.6830	1.3114	1.6991	2.0452	2.4620	2.7564
30	0.6828	1.3104	1.6973	2.0423	2.4573	2.7500
31	0.6825	1.3095	1.6955	2.0395	2.4528	2.7440
32	0.6822	1.3086	1.6939	2.0369	2.4487	2.7385
33	0.6820	1.3077	1.6924	2.0345	2.4449	2.7333
34	0.6818	1.3070	1.6909	2.0322	2.4411	2.7284
35	0.6816	1.3062	1.6896	2.0301	2.4377	2.7238
36	0.6814	1.3055	1.6883	2.0281	2.4345	2.7195
37	0.6812	1.3049	1.6871	2.0262	2.4314	2.7154
38	0.6810	1.3042	1.6860	2.0244	2.4286	2.7116
39	0.6808	1.3036	1.6849	2.0227	2.4258	2.7079
40	0.6807	1.3031	1.6839	2.0211	2.4233	2.7045
41	0.6805	1.3025	1.6829	2.0195	2.4208	2.7012
42	0.6804	1.3020	1.6820	2.0181	2.4185	2.6981
43	0.6802	1.3016	1.6811	2.0167	2.4163	2.6951
44	0.6801	1.3011	1.6802	2.0154	2.4141	2.6923
45	0.6800	1.3006	1.6794	2.0141	2.4121	2.6896

附录Ⅵ　常用材料的主要力学性能

常用材料的力学性能见表Ⅵ-1，表Ⅵ-2。

表Ⅵ-1　常用金属材料力学性能

材料 名称	材料 牌号	E/GPa	μ	$\sigma_{0.2}$/MPa	σ_b/MPa	δ_5/%	Ψ/%
普通碳素钢	Q235	210	0.28	215～315	380～470	25～27	
	Q255	210	0.28	205～235	380～470	23～24	
	Q275	210	0.28	255～275	490～600	19～21	
铸钢		210	0.30	＞200	＞400	20	
优质碳素钢	20	210	0.30	245	412	25	55
	35	210	0.30	314	529	20	45
	40	210	0.30	333	570	19	45
	45	210	0.30	353	598	16	40
	50	210	0.30	373	630	14	40
	65	210	0.30	412	696	10	30
合金钢	15Mn	210	0.30	245	412	25	55
	16Mn	210	0.30	280	480	19	50
	30Mn	210	0.30	314	539	20	45
	65Mn	210	0.30	412	700	11	34
	40Cr	210	0.30	785	980	9	45
	40CrNiMo	210	0.30	835	980	12	55
	30CrMnSi	210	0.30	885	1080	10	45
	30CrMnSiNi2A	210	0.30	1580	1840	12	16
灰铸铁	HTl00	120	0.25		100(拉) 500(压)		
	HTl50	120	0.25		100(拉) 500(压)		
	HT200	120	0.25		100(拉) 500(压)		
	HT300	120	0.25		100(拉) 500(压)		

(续表)

材料		E/GPa	μ	$\sigma_{0.2}$/MPa	σ_b/MPa	δ_5/%	Ψ/%
名称	牌号						
球墨铸铁	QT400-18	120	0.25	250	400	17	
	QT400-15	120	0.25	270	420	10	
	QT500-7	120	0.25	420	600	2	
	QT600-3	120	0.25	490	700	2	
	QT700-2	120	0.25	560	800	2	
可锻铸铁	KTH300-06	120	0.25		300	6	
	KTH370-12	120	0.25		370	12	
	KTZ450-06	120	0.25	280	450	5	
	KTZ700-02	120	0.245	550	700	2	
铝合金	2A12	69	0.33	343	451	17	20
	7A04	71	0.33	520	580	11	
	7A09	67	0.33	480	530	14	
	2A14	70	0.33		480	19	
铜合金	62 黄铜	100	0.39		360	49	
	90 黄铜	100	0.39		260	44	
	4-3 锡青铜	100	0.39		350	40	
	2 铍青铜	100	0.39		1250	4	
	1.9 铍青铜	100	0.39		1400	2	
钛合金		1100	0.36		1200		
红松木		10			98(拉) 33(压)		
杉木		10			77～98(拉) 36～41(压)		
混凝土		14～29			25～800 (压)		
非金属	橡胶	8(MPa)	0.47				
	高密聚乙烯		414～1035	17～34	17～34		
	聚四氟乙烯	414		10～14	14～27		
	尼龙 66	1242～2760		58～78	61～82		

表Ⅵ-2　典型单向复合材料层压板的工程常数纤维体积含量和密度

材料	牌号	E_1/GPa	E_2/GPa	μ_{12}	G_{12}/GPa	V_f	ρ/g·cm^{-3}
碳/环氧	T300/5208	181	0.3	0.28	7.17	0.70	1.60
硼/环氧	B(4)/5505	204	8.5	0.23	5.59	0.50	2.00
碳/环氧	AS/3501	138	8.96	0.30	7.10	0.66	1.60
芳纶/环氧	49/环氧	76	5.50	0.34	2.30	0.60	1.46
玻璃/环氧	斯考奇 1002	38.6	8.27	0.26	4.14	0.45	1.80

附录Ⅶ　材料力学性能测试常用国家标准及其适用范围

序号	标准名称	标准编号	适用范围
1	金属拉伸试验试样	GB/T6397—1986	适用于测定黑色和有色金属材料的通用拉伸试样和无特殊要求的棒材、型材、板(带)材、线(丝)材、铸件、压铸件及锻压件的试样
2	金属拉伸试验方法	GB/T228—1987	适用于测定金属材料在室温下拉伸的规定非比例伸长应力、规定总伸长应力、规定残余伸长应力、屈服点、上屈服点、下屈服点、抗拉强度、屈服点伸长率、最大应力下的总伸长率、最大力下的非比例伸长率、断后伸长率和断面收缩率
3	金属杨氏模量、弦线模量、切线模量和泊松比试验方法(静态法)	GB/T8653—1988	适用于室温下用静态法测定金属材料弹性状态的杨氏模量、弦线模量、切线模量和泊松比
4	金属薄板和薄带拉伸应变硬化指数(n 值)试验方法	GB/T5028—1999	适用于厚度在 0.1～6mm 范围内、真实应力和真实应变服从 $\sigma=K\varepsilon^n$ 金属薄板材料,在室温下测定应变硬化指数 n 值的单轴拉伸试验
5	金属压缩试验方法	GB/T7314—1987	适用于制作金属材料压缩试样和测定金属材料在室温下单向压缩的规定非比例压缩应力、规定总压缩应力、屈服点、弹性模量及脆性材料的抗压强度
6	金属扭转试验方法	GB/T1028—1988	适用于测定金属材料在室温下扭转的切变模量、规定非比例扭转应力、屈服点、上屈服点、下屈服点、抗扭强度、最大非比例切应变
7	金属弯曲力学性能试验方法	GB/T14452—1993	适用于测定脆性和低塑性断裂金属材料弯曲弹性模量、规定非比例弯曲应力、规定残余弯曲应力、抗弯强度、断裂挠度和弯曲断裂能量
8	金属布氏硬度试验方法	GB/T231—1984	适用于金属布氏硬度在 650HBW 或 450HBS 以下的测定
9	金属洛氏硬度试验方法	GB/T230—1991	适用于金属洛氏硬度(A、B 标尺和 C 标尺)的测定
10	金属表面洛氏硬度试验方法	GB/T1818—1994	适用于金属表面洛氏硬度的测定
11	金属夏比(U 形缺口)冲击试验方法	GB/T229—1994	适用于金属材料室温简支梁受力状态大能量一次冲断 U 形缺口试样吸收能量的测定
12	金属夏比(V 形缺口)冲击试验方法	GB/T2306—1997	适用于金属材料室温简支梁受力状态大能量一次冲断 V 形缺口试样吸收能量的测定

（续表）

序号	标准名称	标准编号	适用范围
13	金属旋转弯曲疲劳试验方法	GB/T4337—1984	适用于在室温、空气条件下，测定金属圆形横截面试样在旋转状态下承受纯弯曲力矩时的疲劳性能
14	金属轴向疲劳试验方法	GB/T3075—1982	适用于在室温、空气条件下，测定金属在承受各种类型循环应力的恒载荷轴向的疲劳性能
15	金属材料轴向等幅低循环疲劳试验方法	GB/T15248—1994	适用于在室温和高温条件下，测定金属及合金在承受轴向等幅拉-压应力或应变下的低周循环疲劳性能
16	金属材料疲劳裂纹扩展速率试验方法	GB/T6398—2000	适用于在室温及大气环境下用紧凑拉伸(CT)试样或中心裂纹(CCT)试样测定金属材料大于10-5cycle的恒载幅度疲劳扩展速率
17	金属材料平面应变断裂韧度K_{IC}试验方法	GB/T4161—1984	适用于采用带疲劳裂纹的三点弯曲、紧凑拉伸、C形拉伸和圆形紧凑拉伸试样，测定金属材料平面应变断裂韧度K_{IC}以及试样强度比R_{SK}
18	金属板材表面裂纹断裂韧度K_{IE}试验方法	GB/T7732—1987	适用于具有半椭圆表面裂纹的矩形截面拉伸试样，在室温(15～35℃)和大气环境下测定金属板材表面裂纹断裂韧度K_{IE}
19	金属材料延性断裂韧度J_{IC}试验方法	GB/T2038—1991	适用于带有疲劳预制裂纹的小试样，利用阻力曲线J_R确定金属材料延性断裂韧度，用于评定材料的断裂韧性
20	裂纹张开位移(COD)试验方法	GB/T2358—1994	适用于带有疲劳预制裂纹三点弯曲试样，对钢材进行室温及低温裂纹张开位移(COD)试验。主要用于线弹性断裂力学失效的延性断裂情况
21	塑料拉伸性能试验方法	GB/T1040—1992	适用于塑料拉伸强度、断裂伸长及弹性模量测定
22	塑料压缩性能试验方法	GB/T1041—1992	适用于塑料压缩性能的测定
23	塑料弯曲性能试验方法	GB/T9341—1988	适用于塑料弯曲性能的测定
24	工程陶瓷弹性模量试验方法	GB/T10700—1989	适用于用作机械零部件、结构材料等高强度工程陶瓷在室温下弹性模量的测定。功能陶瓷也可参照执行
25	工程陶瓷压缩强度试验方法	GB/T8489—1987	适用于用作机械零部件、结构材料等高强度工程陶瓷在室温下压缩强度的测定。对于高强功能陶瓷也可参照执行
26	工程陶瓷弯曲强度试验方法	GB/T6569—1986	适用于用作机械零部件、结构材料等高强度工程陶瓷在室温下三点和四点弯曲强度的测定
27	定向纤维增强塑料拉伸性能试验方法	GB/T3354—1999	适用于测定单向和正交对称铺层纤维增强塑料平板平行纤维方向(00)和垂直纤维方向(900)的拉伸强度、拉伸弹性模量、泊松比、破坏伸长率及应力-应变曲线
28	纤维增强塑料纵横剪切试验方法	GB/T3355—1982	适用于采用[±45°]s层压板试样拉伸试验方法测定单向纤维或织物增强塑料平板的纵横剪切弹性模量、纵横剪切强度及纵横剪切应力-应变曲线
29	单向纤维增强塑料弯曲性能试验方法	GB/T3356—1999	适用于采用三点弯曲加载测定单向纤维平板的弯曲弹性模量、弯曲强度及载荷-位移曲线

（续表）

序号	标准名称	标准编号	适用范围
30	单向纤维增强塑料平板压缩性能试验方法	GB/T3856—1983	适用于测定单向纤维增强塑料平板平行纤维方向(00)和垂直纤维方向(900)的压缩强度、压缩弹性模量、泊松比、破坏伸长率及应力-应变曲线

参考文献

1. 刘鸿文，吕荣坤．材料力学实验（第二版）[M]．北京：高等教育出版社，1998．
2. 创新实验指导书[M]．浙江大学自编教材．
3. 金保森，卢智先．材料力学实验[M]．北京：机械工业出版社，2003．
4. 邓小青．材料力学实验指导书[M]．华东船舶工业学院自编教材．